环境监测技术与方法优化研究

张 艳 著

北京工业大学出版社

图书在版编目（CIP）数据

环境监测技术与方法优化研究 / 张艳著. — 北京 ：北京工业大学出版社，2021.2
ISBN 978-7-5639-7864-9

Ⅰ. ①环… Ⅱ. ①张… Ⅲ. ①环境监测—研究 Ⅳ. ①X83

中国版本图书馆 CIP 数据核字（2021）第 034152 号

环境监测技术与方法优化研究

HUANJING JIANCE JISHU YU FANGFA YOUHUA YANJIU

著　　者：张　艳
责任编辑：李　艳
封面设计：知更壹点
出版发行：北京工业大学出版社
（北京市朝阳区平乐园 100 号　邮编：100124）
010-67391722（传真）　bgdcbs@sina.com
经销单位：全国各地新华书店
承印单位：天津和萱印刷有限公司
开　　本：710 毫米 ×1000 毫米　1/16
印　　张：7
字　　数：140 千字
版　　次：2022年1月第1版
印　　次：2022年1月第 1次印刷
标准书号：ISBN 978-7-5639-7864-9
定　　价：45.00 元

作者简介

张艳，女，山东济宁人，本科学历，现就职于山东省济宁生态环境监测中心，高级工程师。长期从事环境监测与监控工作，先后在《山东环境》《江苏环境科技》《资源节约与环保》等期刊发表论文10余篇（两篇论文在淮海经济区环境科技信息网年会被评为优秀论文一等奖），获实用新型专利授权4个，参与编写《城市生态与环境保护研究》《环境保护与污染防治》专著两本。

前言

环境问题不仅关乎人们的身体健康，而且对我国可持续发展战略的实施具有重要影响。近年来，虽然我国经济得到了飞速发展，但是从实际情况来看环境问题却越来越严重。为了响应国家环保号召，在城市发展规划中要平衡生态环境管理工作和城市经济发展工作，提升具体环节的整体水平和质量。相关监督管理部门要充分重视环境监测技术的价值，结合环境保护规划和方案落实相应的内容，促进环境保护工作的全面进步和发展，并且有效建立完整的环境监测体系，从而缓解生态被破坏的情况，打造更加合理的生态控制规范，实现经济效益和环保效益的共赢。因此，对我国环境监测技术进行研究具有现实意义，需要对其给予高度重视，以便对我国环境进行有效改善，促进环境保护工作的全面进步和发展，提高环境质量。

全书共五章。第一章为绪论，内容包括环境监测的基本要求、环境监测的内容与类型、环境监测技术的作用与意义、环境监测技术的现状与对策；第二章为水和废水监测技术，内容包括水环境监测概况、金属污染物监测技术、非金属无机污染物监测技术和有机污染物监测技术；第三章为空气和废气监测技术，内容包括环境空气与废气、无机污染物监测技术、有机污染物监测技术、颗粒物监测技术及降水监测技术；第四章为土壤和固体废物监测技术，内容包括土壤及土壤环境质量、土壤质量监测技术、固体废物监测技术；第五章为现代环境监测技术的方法优化，内容包括超痕量分析技术、遥感监测技术、环境快速监测技术、生态监测技术。

为了确保研究内容的丰富性和多样性，作者在写作过程中参考了大量理论与研究文献，在此向涉及的专家学者们表示衷心的感谢。

最后，限于作者水平，加之时间仓促，本书难免存在一些不足之处，在此，恳请读者朋友批评指正！

目　录

第一章 绪 论

环境监测与环境监测技术在我国环境保护发展中发挥着不可替代的作用。因此，在对环境进行监测的过程中，要充分发挥环境监测技术的优势。只有将技术优势充分发挥，才能及时发现环境污染问题及环境污染影响因素等，进而通过采取有效措施，才能将环境污染问题控制在合理范围内，实现人类与环境的和谐发展。本章分为环境监测的基本要求、环境监测的内容与类型、环境监测技术的作用与意义、环境监测技术的现状与对策四个部分，主要包括环境监测基本概述及基本要求、环境监测的内容及类型、环境监测技术的种类、环境监测技术在环境保护中的作用和意义、环境监测技术存在的问题及环境监测技术问题的解决对策等内容。

第一节 环境监测的基本要求

一、环境监测基本概述

通常情况下，环境监测主要是指，国家相关部门以及社会机构针对环境问题提供的环境服务活动等。环境监测包含许多内容，如现场调查工作、样本采集工作以及综合评价工作等。环境监测工作的目的是通过对试验样品的分析与了解，明确环境变化的实际情况，从而针对其中存在的问题，给出相应解决措施。

目前，环境污染问题逐渐得到人们的重视，如果不能有效解决与环境监测相关的问题，人们的健康安全就会受到负面影响。环境监测工作在实际开展的过程中可能会存在一定的问题，如果难以确保技术应用的效果就难以确保环保工作的有效开展。

二、我国环境监测的基本要求

我国环境监测经过不断发展，其覆盖范围日益扩展，环境监测项目也越来越丰富，环境监测技术和手段随着科技的进步也在不断提高。作为一项公益性事业的环境监测不仅要面向社会环境热点问题，在环境监测的理论和监测技术、监测可行方案方面也有基本的要求。

①环境监测要有十分明确和具体的监测目标。

②监测信息要能界定出环境热点区域，在早期要对各环境污染区域的污染提出监测预警。

③监测方案必须确立数据质量目标，拟定一套规范的环境监测数据质量保证和控制程序；同时监测方案的编制和实施要根据情况灵活进行，以保证环境监测后期能及时修正出现的问题。

④环境监测数据具有可辩护和可防御性，能够为环境设计、调试和验证做出定量的预测模型，同时还能为区域环境管理者制定环境监测标准提供科学的依据。

⑤要精心规划和设计环境监测项目，制定一套切实可行的环境监测制度，使得监测方法标准化、监测程序规范化。

⑥环境监测结果能够直接反映环境污染源和污染程度，对于环境质量的基本状况也能够明确显示，它可以为环境评估和环保措施提供决策依据。

第二节 环境监测的内容与类型

一、环境监测的内容

环境监测是以人类生存与活动的环境为监测对象的，环境中的各种有害物质对环境造成的污染是环境监测的影响因素。

（一）物质的形式

物质根据其组成和结构的不同有不同的形式，如图 1-1 所示。

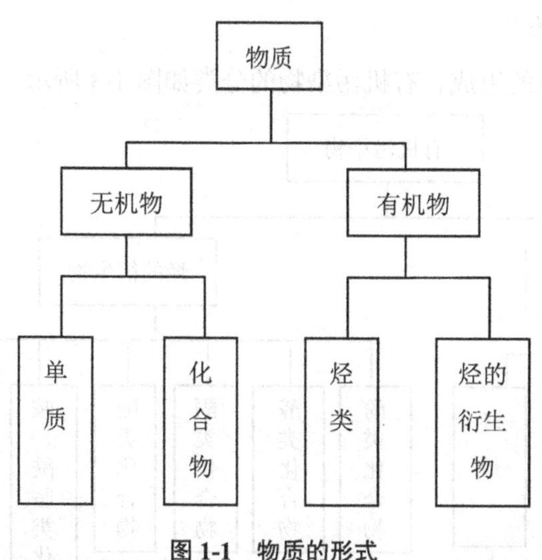

图 1-1　物质的形式

（二）污染物质的分类

1. 无机污染物

根据无机物质的组成，无机污染物的分类如图 1-2 所示。

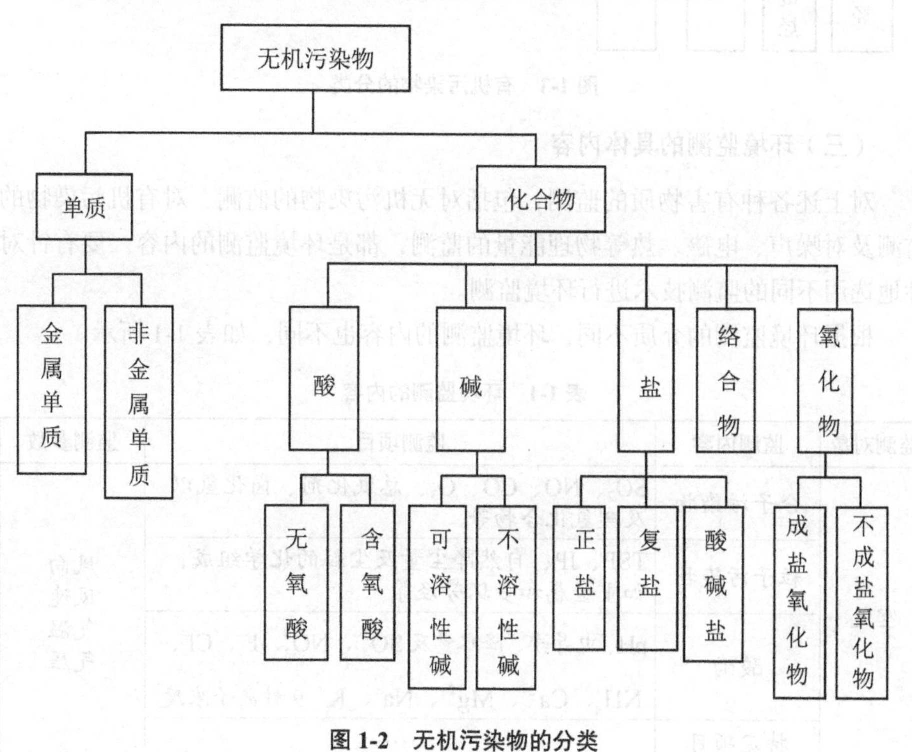

图 1-2　无机污染物的分类

2. 有机污染物

根据有机物质的组成，有机污染物的分类如图 1-3 所示。

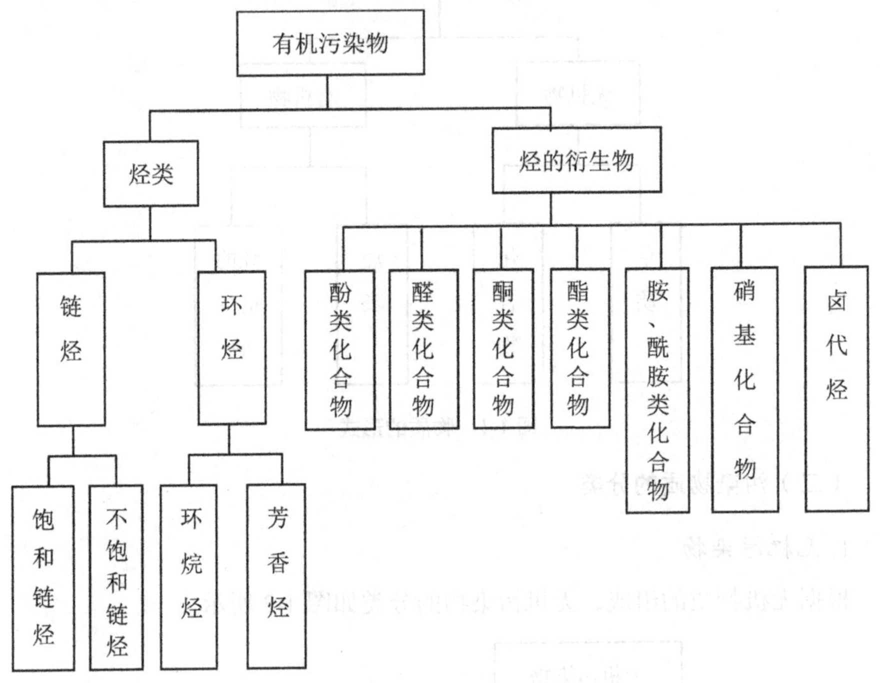

图 1-3　有机污染物的分类

（三）环境监测的具体内容

对上述各种有害物质的监测，包括对无机污染物的监测、对有机污染物的监测及对噪声、电磁、热等物理能量的监测，都是环境监测的内容。要有针对性地选用不同的监测技术进行环境监测。

根据环境监测的介质不同，环境监测的内容也不同，如表 1-1 所示。

表 1-1　环境监测的内容

监测对象	监测内容	监测项目	监测参数
空气	分子污染物	SO_2、NO、CO、O_3、总氧化剂、卤化氢以及碳氢化合物等	风向 风速 气温 气压
	粒子污染物	TSP、IP、自然降尘量及尘粒的化学组成，如重金属和多环芳烃等	
	酸雨	pH、电导率、降水量及 SO_4^{2-}、NO_3^-、F^-、Cl^-、NH_4^+、Ca^{2+}、Mg^{2+}、Na^+、K^+ 9 种离子浓度	
	特定项目	……	

续表

监测对象	监测内容	监测项目	监测参数
水质	水质污染	温度、色度、浊度、pH、电导率、悬浮物、溶解氧、化学耗氧量和生化需氧量	水体的流速和流量
	有毒物质	酚、砷、铬、镉、汞、镍和有机农药等	
土壤固弃物	工业废弃物	废水、废渣、重金属	元素的浓度
	化肥和农药	氮、磷、钾和有机氯、有机磷农药含量等	
	特定项目	……	
……	……	……	……

从以上表格中可以看出，环境监测的每个对象中都有许多的监测项目。环境监测工作是一项复杂、长期、繁重的任务，不仅要消耗大量的人力、物力和财力，还要受到监测区域的发展水平、科技水平等的影响，所以区域环境监测不可能对所有污染物和污染源进行监测，要根据实际情况挑选出对解决问题最关键和最迫切的项目来进行监测，并应制订科学合理的监测方案。

二、环境监测的类型

（一）监视性监测

环境监测中的常规或例行监测就是执行纵向监测指令的监测任务，对影响空气环境、水环境和噪声环境质量的因素进行监测，掌握环境污染情况及其变化趋势，对环境污染的控制措施进行评价，判断环境标准的实施情况，从而积累环境监测的各种数据，为行业、区域和产业内的环境保护提供理论依据。

对县级以上的城区的空气污染物要进行空气环境质量监测，定期地积累环境质量数据并形成空气环境质量评价报告；还要对辖区内的水环境进行定期监测，形成水环境质量评价报告；同时还要对各种噪声进行经常性的定期监测。这样就可以为辖区内的空气、水和噪声污染管理提供可靠的数据，也可以为环境治理提供系统的监测资料。

（二）监督性监测

环境管理制度和政策的实施要靠监督性监测来完成，环境监测针对人为活动对环境的影响而开展的活动是环境监测部门的主要工作和职责。环境监督性监测既要掌握环境污染的源头，对污染源在时空的变化进行定期、定点的常规性监测，也要掌握污染源的种类、浓度及数量，研究其对环境造成的影响，制定环境污染治理措施，为环保提供技术支持。

（三）应急性监测

应急性监测是对突发环境事件进行有目的的监测，除了一般的地面固定监测，还包括：流动性的监测、低空监测及微型遥感监测；为减少突发的环境灾害进行的环境灾害监测；对各种污染事故进行的现场追踪监测；环境污染中的纠纷仲裁监测。这些应急性监测可以减少灾害造成的损失，摸清污染程度和范围，调解污染事故纠纷，保护人民群众的利益。

（四）科研性监测

科研性监测是监测工作中高层次、高水平的一种研究性监测，要充分考虑区域监测部门的能力和技术力量，进行多向环境开发性监测。要进行环境标准研制监测、污染规律研究监测、背景调查和专题研究监测，统一环境监测的分析方法，监测环境中污染物质的本底含量；还要研究污染源对人类环境的影响，对污染源进行化学分析、物理监测和生物生理监测，运用积累的监测数据和多学科知识进行专题监测。

（五）服务性监测

应按照市场经济发展的需要，为社会各部门提供经营性的环境监测技术服务，以满足生产、科研、环境评价和环境保护等的需要。

第三节　环境监测技术的作用与意义

一、环境监测概述

环境监测是利用生物、化学、物理、医学、遥测、遥感、计算机等现代科技手段，同时将环境视为主要对象，对自然环境中存在的问题以及影响因素进行分析与研究的一项综合性学科。在环境监测工作的开展过程中，通过对环境监测技术的应用，可以将环境中存在的问题及时发现并解决，将环境污染问题控制在合理范围内，实现环境保护与经济发展的双赢。

二、环境监测技术的种类

（一）生物技术

生物技术是环境监测技术中的重要组成部分，生物技术包括细胞生物学以及微生物学等学科技术。生物技术在实际应用中，无法实现自身的独立存在，而是需要与其他技术进行有机结合。比如，在实际应用中，将生物技术与物理学内容以及计算机信息技术进行有机结合。目前广泛使用的生物技术主要包含两种，分别是聚合酶链反应（PCR）检测方式以及利用大分子标记物展开的检测技术。不同技术之间存在一定的不同，比如，PCR 检测方式不仅检测速度较快，而且操作较为方便，有着较强的精确度。利用大分子标记物展开的检测技术，需要与生态工程技术进行有机结合，从而明确生态环境中的相关数据信息。该项技术具备较强的预警性优势。不同技术有着不同优势，具体技术的应用要结合实际情况，这样技术优势才能被充分发挥。

（二）信息技术

在环境监测技术中，信息技术也是其中的重要技术之一。信息技术得到广泛应用的原因，有以下几点。

①无线传感技术。无线传感技术的应用可以为环境监测数据信息的传输提供保证，同时对传输的数据信息能够及时进行处理与分析，这使得环境工作质量与工作效率都能得到提升。

②可编程逻辑控制器（PLC）技术。该项技术一般情况下会被应用在较为恶劣的环境中。比如，在大雨环境中，通过远程控制与分析可以为防洪工作的展开打下良好基础。在 PLC 技术的应用中，可以得到更为精准的水文与水资源信息，为后续工作的展开提供可靠保障。

三、环境监测技术在环境保护中的作用

在科学技术不断发展的时代背景下，更多的现代化科技产品被应用在行业发展和生产中，轻工业、重工业等工业生产也越来越多样，随之而来的就是行业的生态处理问题。基于此，我国在环境监测技术方面也开展了大量的研究，积极研发和推广科技化环境监测平台，从而在完善污染数据处理和信息汇总工作质量的基础上，有效结合具体问题落实相应的管控策略，从而提升环境保护工作的综合效果。

（一）空气污染中应用环境监测技术

部分工业化企业在工业生产中会产生较多的污染气体，不仅会对周围的植物、动物产生影响，也会对环境质量造成不可逆的负面作用，其中，二氧化硫气体、氟化物气体等酸性气体作用尤为突出。同时，一些污染气体排放量较大的区域也会存在烟尘和气体囤积的问题。烟尘和气体囤积会造成太阳光辐射量降低，使植物光合作用所需无法得到满足，这会制约区域生态平衡。另外，酸

性气体与大气中的水汽凝结聚合产生的酸雨也会对土壤形成威胁。

综上所述，针对空气污染问题应用监测技术迫在眉睫。借助环境监测模式能有效对空气污染程度和污染源进行实时监测和数据分析，对工业区域内的风向参数、风速参数、气压参数、湿度参数等基础信息进行汇总，从而能有效判定区域内环境问题的根源和程度，引导相关部门落实对应的治理方案，以便减少空气污染对环境造成的危害。

（二）水源污染中应用环境监测技术

水源污染也是近几年环境污染问题中较为重要的一项。

一方面，在城市生活中，人们生产生活产生的生活污水会直接流入地表水，这不仅会造成地表水自我净化能力的下降，也会制约水质的整体水平，甚至会造成城市内河出现污染、发臭等问题，严重影响城市生态环境和人们的居住空间质量。

另一方面，城市周边工厂排放的工业废水一旦流入地下水，就必然会对江河湖泊产生危害，严重威胁生态平衡。基于此，有必要在水源污染约束工作中有效落实环境监测制度，相关部门应能借助水环境监测和废水质量监测等基本模块完成监测工序，并且利用采样分析的方式践行对应的控制标准和模式，获取相关的水文参数和生物指标，这样才能制订有效的监控方案和治理流程，并将其作为水源污染约束工作的基本依据。

例如，我国云南、宁夏等地区就采取水源污染指标监测技术对相应情况进行集中监督。2017 年，政府取缔了宁夏地区 400 家无证煤炭经营户，并勒令 14 家煤炭企业进行环境整改。2019 年，云南地区停运了 5 条硫酸生产线，并且对云南牛栏江自然保护区进行了全面整改，关闭了 6 000 吨 / 年的氟化铝项目生产线，借助环境监测系统提高了整体环境监管水平。

（三）环境规划中应用环境监测技术

对于城市发展而言，环境和经济之间有着密切的联系，要想提升城市的发展动力，就要整合城市规划方案，有效建立完整的环境监督模式，这就需要借助环境监测技术，激发人们的环保意识，并且将其作为城市工业发展、农业发展等行业进步的根本依据，从而打造更加贴合环保要求的城市规划模式。基于此，在城市环境规划工作中应落实环境监测技术，引导人们更加直观地了解环境保护的重要性和环境污染的数据，从而建立全民参与的环保管理工作体系，促进城市科学发展，实现经济效益、社会效益和环保效益的共赢。

四、环境监测技术在环境保护中的意义

为了提升环境保护工作的综合水平，要结合环境保护要求落实对应的环境监测流程，提升具体工作的实际收效，打造更加完整的控制模式。同时，还要从提高环境监测质量管理水平入手，完善资金链的完整性，落实合理的应用体系，并且要完善监督机制和提升人员队伍的综合素质。

（一）优化质量管理

国家以及省级行政监督部门要践行对应的监督管理方案，共同建构合理性的监测质量控制平台，确保能自上而下建立合理的内部管理控制机制，从而在提升监测技术应用水平的同时，也能为环境监测信息的传递和共享提供保障。

①要落实第三方监督机制。主要是对不同地区落实的监测行为予以集中分析和调研取证，从而判定监测行为的真实性，减少虚假信息或者数据对地区环境保护监测工作质量造成的影响。与此同时，要结合第三方数据落实有效的整改方案，减少不良问题产生的影响和制约作用。

②要联合各个部门完善环境监测系统，并且结合反馈信息建立报警系统，从而强化监测人员的预警意识，借助绩效考核的模式创设更加多元化的处理平台，提高监测人员的工作积极性，优化管理效果。

③借助信息化技术联动监测模式的方式优化监测结果，确保相关地区的管理部门能按照标准去工作，完善监督管理方式，从而为环境监测工作的全面展开奠定坚实基础。

④要结合环境保护监测工作的要求组建更加专业且高水平的队伍，提高相关人员的工作认知水平，实现管理效果和监测水平的全面进步。

（二）完善环境监测制度

相关部门要对环境保护中环境监测工作的重要性给予重视，确保能在面对发展要求的同时，调整相应的保护政策。合理落实对应的环境监测技术，不仅能对周围环境的污染程度进行分析，也能制定有效且具有针对性的环境保护控制措施，从而提升整体工作水平。

一方面，要结合环境保护要求制定对应的监测管控机制。这就要求相关部门要落实并且强化监督力度，践行总站式管理方针，利用统一管理的方案和制度约束相应行为，确保监测工作都能得到合理化的指导，从而提升监测工作管理的综合水平，维护管理整体效果。

另一方面，在制度落实的过程中要配备相应的奖惩机制，并且要建立全国范围内的监测网络共同配合相关部门落实相应工作，从而维护环境监测工作的信息稳定性和综合质量。

（三）推动全民环保的开展

环保工作的不断开展，不仅可以减轻环境遭受的破坏，也是人类弥补过失、创造良好生活环境的重要手段，可实现社会和经济的可持续发展。社会各界都要重视环保，参与环境保护。环境监测工作不仅可以增强人们的环保意识，还能更好地保护环境。

（四）提升环境评价的科学性

环境监测是环保工作的重要组成部分。环境监测是环境评价的前提，它能获取监测对象最真实的数据，对监测对象进行评价，提升环境评价的科学性，指导环保工作的有效开展。

第四节　环境监测技术的现状与对策

一、环境监测技术存在的问题

（一）环境监测硬件水平低

硬件是环境监测技术中最重要的组成部分，对监测效率与质量具有直接影响。我国环境监测硬件水平偏低，阻碍了良好环境监测效果的实现。

首先，用于环境监测的仪器单一、落后、技术含量不达标，难以满足多种环境污染因子的监测需求。

其次，部分环境监测的实验室环境条件较差，环境监测的灵敏度低，整体条件落后。

最后，环境监测自动在线监测设备存在缺陷，其层次偏低，不利于促使环境监测工作向技术密集型方向转化。

（二）环境监测网络存在问题

目前看来，我国环境监测系统网络可能存在一些缺陷，虽然有关部门越来越重视生态和环境保护的重要性，环境保护部门更是将环境监测系统网络的其他工作作为关键的规划和建设对象放在了一个重要的位置，但是自然环境跟踪和监测网络的工作并非一朝一夕就能完成，也无法在短时间内完成。只有改善环境，我们才能真正提高环境污染持续监测的标准水平。只有进一步加强环境监测系统和网络的建设，我们才能提高自然环境实时监测的质量水平。

（三）动态监控系统存在问题

目前我国环境监测工作在实际开展的过程中一般要设置环境监测的相应管理组织。为了充分发挥管理组织的有效性，具体开展工作的过程中应当分配其他相关的和专业的人员，因此组织的质量控制仅限于实验室，但是软件系统环境得到了充分实施，任务的质量控制和管理功能也变得相对简单。

另外，在实际的数据质量控制工作之后，其他质量控制工作并不总是遍历整个过程的管理。测量认证证书的建设存在滞后性，科研机构的建设还不完善，且质量资金投入不足以控制日常管理，不利于其他质量控制任务的顺利完成。

（四）环境监测人员素质偏低

现阶段环境监测人员素质普遍偏低，不仅对环境监测常识未进行深入了解，而且随着新监测技术的不断出现，环境监测工作对环境监测人员技术水平的要求日益提升，但是其实际的技术水平却难以达到要求。同时，我国对环境监测人员的技术培训工作未落实，导致其技术水平不达标，不利于环境监测技术作用的充分发挥。

（五）环境监测水平相对较低

长期以来，我国一直忽略对空气污染的持续监测。在一定程度上，我国空气监测系统的行业知识和专业技能有其自身的缺陷，并且环境监测设备正在缓慢老化。在自然环境监测的现场，存在很多随机选择性和其他不可控制的因素，这是对环境进行实时监测之后的结果。例如，从工业生产中收集污染物气体时，可能无法最终确定采样时间或特定内容的采样时间和位置，只能随机分配采集方法。因此，监测数据也是随机的，不能完全反映环境空气的变化情况，这种情况很容易导致环境空气动态监测数据的整体不准确或不完整，使得环境空气的整体质量难以得到连续监测。

（六）环境监测技术的相关体制不健全

虽然我国在环境监测方面有所进步，但是完善的监测技术体制仍然没有建立起来，难以确保监测技术运用的有效性和合理性。同时，在实际使用中，因为缺乏相关的机制，所以出现了无章可循的现象，这不仅阻碍了技术作用的发挥，而且阻碍了相关设备功能的实现，导致监测设备的闲置率居高不下，造成了资源浪费，同时也难以确保环境监测结果的准确性、及时性。

（七）监测结果难以全方位反映环境质量

在进行环境监测时，由于技术中存在的缺陷降低了监测结果的准确性，因而监测结果难以全面反映环境质量。之所以出现这一现状，其原因主要有以下几方面。

其一，在分析环境监测结果的过程中缺乏创新。现阶段大部分监测部门主要以单因子分析方式为主，通常先对所监测的数据和控制标准进行处理与分析，再在此基础上借助对比形式对其监测结果准确性进行判定，其总体分析程度远远不够，未对监测数据潜在的价值进行深入挖掘，因此环境监测结果对环境质量的反映还不够全面和准确。

其二，在环境监测指标方面缺乏目的性和针对性。这主要是因为不同地区、不同区域其地理环境、气候条件等也不同，其所要求的监测条件会有所差异，但在实际监测时对这方面的考虑不到位。

其三，监测频次与环境监测质量是息息相关的。但是，在现阶段的环境监测工作中存在监测频次不合理的现象，其主要是因为在资金技术设备等方面存在不足，导致监测频次偏低，不仅无法多角度全方位地将环境实际状况反映出来，而且也难以为环境决策提供有力支持。

二、环境监测技术问题的解决对策

（一）提高监测管理技术

为了提升环境监测的有效性，确保监测数据真实有效反映环境质量，需要以完善的监测机制为支撑。因此，在实际环境监测的过程中，应该结合现阶段环境监测中存在的问题，对监测机制不足之处进行改善，并注重管理技术的提高，以便实现预期监测效果。例如，对相关设备进行管理，以免因设备故障而影响监测结果。若发现设备存在异常运行状况，需要及时进行检修和维护，确保其正常运转、各项功能齐全，以免因设备问题导致监测数据不准确，造成环境监测技术问题，或者引发不必要的事故。

另外，环境监测工程具有复杂性、技术性，对监测环境要求比较高，所以在进行监测时，应该结合地区实际情况确定合理的监测位置，进而提升监测数据的真实性，确保监测效率与质量，为环境分析工作的开展提供可靠依据，确保监测数据准确。为了确保监测结果的真实可靠，还要对地区环境条件问题进行考虑，在监测环境工作中需要依据不同地区的差异，做出相应的调整，以便提高监测数据的准确性。

此外，因为监测频次与监测结果的科学性也有较大关系，因此在技术管理方面，需要加大科技投入，提升监测技术含量，并适当地增加监测频次，同时也应注重相应设备的更新，为环境监测提供良好的条件，进而准确及时地反映环境质量。

（二）加强实验室质量控制

质量控制可分为内部质量控制和外部质量控制。内部和外部质量控制是环境实时监控的组成部分，与实时监控的最终结果、样品检测的综合分析以及后续综合数据的处理有关。对于监控系统的相关工作人员，他们必须掌握专业的理论和技术。不相关的专业人员不得进行后续监控，以确保动态监控其他人员的工作质量，并确保测试数据的真实有效。

实验室管理软件系统可以大大改善环境监测系统的日常管理缺陷，改善环境质量。跟踪监控管理模式的速度和效率也提高了跟踪监控管理模式在环境中的水平。实验中心管理工作系统能够发现连续监测中存在的各种困难，使其得到及时、有效的解决。因此，日常管理制度的完善对小环境整体质量的持续监控和管理具有积极而明显的作用。

（三）先进监测技术的应用

开展环境监测一定要及时更新相应的技术，为监测效果的提升提供保障。作为环境监测人员，一定要及时观察并准确判断当前的环境状况和所使用监测技术间的匹配度，及时调整环境监测工作要求，依据当前环境监测工作的变化调整或者创新技术，也要积极借鉴国外在这方面的先进技术和经验，不断提升我国的环境监测技术水平。

总之，我们只有不断提升环境保护效果才能保证生态环境和经济建设的和谐发展。环境监测是环境保护工作中非常重要的一个环节，可为环保工作提供有效指导，进而促进环保工作成效的提升。相关工作人员要强化对环境监测技术的应用和创新，借鉴先进的经验，确保环境监测工作的质量。针对我国环境监测技术存在的问题，相关监测部门应制定并完善相关技术标准和机制，注重发挥人才优势，尽力提高监测结果的科学性、准确性，为环境问题解决提供依据。

（四）完善环境监测基础设施

环境监测技术的有效实施需要以完善的基础设施为支撑。因此，要想充分发挥环境监测技术的作用，实现预期的监测效果，就必须加大对相关基础设施资金的投入力度，提高硬件水平，为环境监测工作的有效进行提供有利条件。

第一，需要认识到先进、功能多样化监测设备运用的重要性，并在此基础上加大经费的投入。一方面可以直接购买先进的监测设备；另一方面可以通过与研究院合作进行相关设备的研发，不断提升其自动化水平，促使我国环境监测技术与时俱进，并从根本上提升环境监测质量，从而保质保量地开展环境治理工作。

第二，在科技环境背景下，还需要注重环境监测系统的建设和优化，提升环境监测的精准性。

（五）加强专业人才队伍建设

为了进行有效的监测，需要注重对专业人才队伍的建设，以充分发挥人才优势。

第一，结合我国环境监测实际情况，建立监测人才准入机制，对监测技术操作人才进行严格的选拔，确保其专业水平达标。

第二，做好相关的培训工作，丰富其专业知识，提升其技术水平；培养其综合素质，增强其责任心，以便在整体上提升监测效果。

第三，对于高端人才，应该实施有效的激励机制，进而吸引人才、留住人才，为监测技术添砖加瓦。

（六）健全环境监测技术的标准和机制

为了促使环境监测工作高效开展，需要以完善的环境监测技术标准和机制为支撑，给监测工作的进行提供依据，进而提高监测质量，为环境治理工作的开展奠定基础。在制定环境技术标准与方法的过程中，可以积极借鉴西方国家的丰富经验和先进技术，确保其具有科学性和可操作性。在实际监测过程中，相关机制不可流于形式。同时，在实际中，还需要结合我国环境的实际情况，及时对所制定的标准进行调整和优化，以便确保环境监测技术的可实施性。此外，环境部门还需要对环境监测技术机制和标准给予高度重视，不断对其进行完善，使其能够逐渐与世界标准同步。为了达到这一目标，需要加强对该机制的创新，同时在具体工作中严格执行该机制，进而可促使我国环境监测质量得到提升，这对环境问题的解决也具有促进作用。

三、环境监测技术的发展趋势

（一）实现对有毒有害物质的监控

在环境监测技术的未来发展中，要实现对有毒有害物质的监控与管理。有毒有害物质会在很大程度上影响人们的身体健康，特别是隐藏在空气或者水资源中的有害物质因其含量较小而常常会被人们忽视。基于此，要将加强对有毒有害物质的监测作为重点，对空气以及水资源中的有毒有害物质进行及时监控与分析，从而给出相应的预防措施，将有毒有害物质消除，使得人们的身体健康得到保障。与此同时，在沉积物中也会存在相应的有毒有害物质，针对沉积物同样要做好监督检查工作。

（二）实现信息化发展

环境监测技术的信息化发展，是环境监测技术未来发展的主要趋势之一。环境监测技术同样要跟上时代发展的步伐，应加强对先进科学技术以及信息技术的应用。也就是说，要将更加信息化以及智能化的技术应用在环境监测中，使监测结果的真实性与准确性得到保障，从而为人们开展环境预防以及环境治理工作打下良好基础。另外，还要加强对基础设施的研究，促使环境污染等问题能够被及时发现并解决，以更快实现环境监测技术的信息化发展。

第二章　水和废水监测技术

近年来，各行业均在不断进行深化改革，加强自身企业的生产力度，以使其在市场中处于不败之地，尤其是工业企业为了提高自身的市场竞争力，应用各种手段来降低该企业的生产成本，以取得最大的经济效益。而这些企业在发展过程中，往往会忽略环境保护这一关键问题，很多工业企业将工业废水及污水排放进了河道之中，这使得我国水资源受到了严重的污染。本章分为水环境监测概况、金属污染物监测技术、非金属无机污染物监测技术、有机污染物监测技术四个部分，主要包括水环境污染监测分析、水环境监测的质量控制措施、水环境监测现场采样的影响因素、DNA 传感器对水环境中金属离子的监测、工业废水中重金属污染物在线监测技术、电位分析法、生物传感测定法、有机物污染及其治理、快速溶剂萃取技术等内容。

第一节　水环境监测概况

一、水环境污染监测分析

（一）环境废水的产生

人们在生产生活中排放到环境中的水，由于水里掺入了新的物质或者因为外界条件的变化，水变质不能继续保持原来的使用功能，变成没有利用价值的水，还会对环境造成一定的污染。废水按照其来源，大致可分为三类。

第一类是生活污水。这些污水是在服务于人类生活后而产生的。对于生活污水，其中含有大量的细菌和病毒，流入环境中容易导致疾病的传播。

第二类是工业废水。这些废水是经过工业生产而产生的。这些水中含有大量的有毒物质，如重金属铅等，而且工业废水往往会直接排入江河、湖泊，容易造成严重的污染。

第三类是初期雨水。这类水是由空气中的水蒸气遇冷凝结而形成的降水，而在其形成的过程中吸收了空气中的大量有害物质，如粉尘、病原体等。

（二）环境废水污染监测分析

所谓环境废水污染的监测分析是指通过一系列的研究分析方法，对水体中出现的污染物种类、浓度及变化趋势进行分析和测定，对水质状况做出正确的评价。环境废水污染的监测分析对保护水环境、控制水污染及促进水环境健康发展有着重要的作用。

环境废水中包含的成分复杂，按监测分析指标大致可分为三类。

第一类是无机感官理化指标，主要包括水温、pH、悬浮物、色度、浊度、化学需氧量、生化需氧量等一些综合性指标。通过对这些指标进行分析，能够综合性地反映水质状况。

第二类是重金属指标，主要是砷、硒、汞、铅、铬等一些有毒的重金属指标，适用于一些电镀、化工等重金属排放的废水监测。

第三类是有机物指标。主要是醚类、多氯联苯、有机磷化合物、酚类、石油类、油脂类物质等一些有机类指标，适用于含有有机物质的废水监测。

（三）环境废水污染监测方法

按照监测方法所依据的原理，环境废水污染监测方法有化学法、电化学法、仪器分析法三种，如图 2-1 所示。

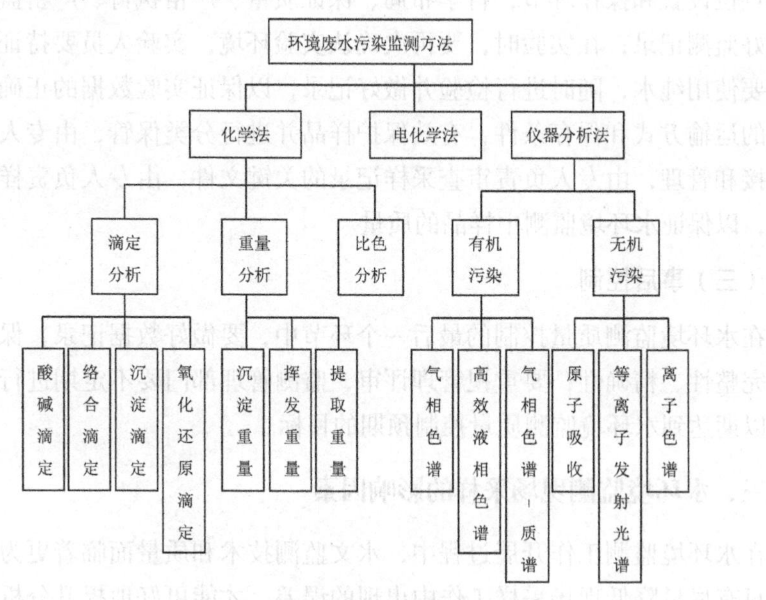

图 2-1　环境废水污染监测分析方法

二、水环境监测的质量控制措施

在水环境监测工作中，采取相应的质量控制措施是保证结果可信的基本要求，也是实现污染蔓延、科学预测的前提。因而，在实际进行监测时，必须要对工作质量进行严格把关，以确保监测结果与实际情况相符，进而为环保措施的确定提供依据。

质量控制是水环境监测工作的必要措施，能够提高监测结果的准确性。我们要科学认识水环境质量控制的有效性，改进控制措施。

（一）事前控制

在对水环境监测质量进行控制之前，要对监测使用的仪器设备等进行检查，确认其是否具备正常开展实验工作的条件，以及仪器设备的性能是否适合本次实验；还要确认本次的监测方法是否合理，并对其中的关键文件进行最新版本的检查；还要认真细致地检查本次实验中所使用的化学试剂是否得到了科学保存，并检查其有效期和安全性。

（二）事中控制

在水环境监测的实施过程中，要进行采样、实验、样品保管和编号等控制措施。在采样时，要严格按照实验的相关要求和技术规范进行采样控制，规范采样点位设置和操作环节，科学布局、保证质量、严格执行、严密监控，同时要做好监测记录；在实验时，要再次确认实验环境，实验人员要持证上岗，实验中要使用纯水，随时进行检验并做好记录，以保证实验数据的正确性；优选样品的运输方式和保存条件，有效保护样品并进行分类保管，由专人进行样品的交接和管理，由专人负责审查采样记录的关键文件，由专人负责样品的编号管理，以保证水环境监测中样品的质量。

（三）事后控制

在水环境监测质量控制的最后一个环节中，要做好数据记录，保证监测数据的完整性、精确性；要重视管理评审，监测管理部门要不定期进行严格的内审，以期达到水环境监测质量控制预期的目标。

三、水环境监测现场采样的影响因素

在水环境监测工作开展过程中，水文监测技术和质量面临着更为严格的要求，只有尽量降低现场采样工作中出现的误差，才能更好地提升分析结果的准确度。在现场采样前，要分析水环境监测现场采样工作中的影响因素，并提出对应的控制措施，以促进水环境监测现场采样工作质量的提升。

现场采样工作要符合相关技术文件的要求，严格按照其中的工作流程从而提升采样工作质量。影响水环境监测现场采样的因素主要包括：采样实施的资料、仪器设备和后勤工具的准备，根据不同的现场和采样位置选取合适的测量、采样和存放设备，提高采样工作的效率；科学确认采样点位，合理控制水样采集的频率，才能产生科学准确的采样分析结果，明确样品之间的差异，得出准确的实验结果，减少水的流动对数据采集产生的影响，提高采样工作效率；同时还要强化采样工作人员的操作水平，严格按照要求进行采样工作，提高采样工作质量。

四、水环境污染的防治对策

环境废水污染的监测分析让我们对水体中污染物的分布状况有了全面的了解，并对污染途径、污染源等情况有了准确的掌握。但有效控制水污染问题，还需要我们进行科学的环境规划，加强水环境管理，有效控制污染源。

①按照生态优先、合理规划、优化发展的原则，科学合理规划产业布局，优化产业空间结构和垂直分工，淘汰落后产能，优先发展节能环保产业，这样才能有效地从源头遏止污染源的产生。

②随着城镇化的发展，城市生活污水量日益增加，而生活污水的重要处理手段就是进入污水处理厂处理。因此，加快城市污水处理厂和配套管网建设，提高城市污水处理率和回用率，实现污水“全收集、全处理”，有利于推动经济结构调整和发展方式转变，促进节能减排，改善城市水环境。

③强化生态流域污染防治，加强对工业企业的监管力度，通过安装在线监测设施等手段，实时监控企业排污情况，确保企业的污染源处理设施正常运行，工业废水稳定达标排放。同时，加强环保执法力度，加大重点区域、重点企业污染排查，严查环境违法行为。

④加强对环境废水污染危害的宣传，倡导节能减排生活，进一步提高公众对水资源保护的认识，增强公众自觉参与保护水资源的意识，进一步使公众树立生态文明和人水和谐的理念，动员公众自觉行动起来，更加珍惜、节约保护水资源，积极参与节水型社会建设，让我们的用水更安全、更清洁。

第二节　金属污染物监测技术

一、DNA 传感器对水环境中金属离子的监测

（一）背景介绍

世界自然水体环境中的重金属污染对人类健康和环境构成了严重威胁，是一个亟待解决的问题。随着经济的发展，环境污染日渐严重，恶性肿瘤的发病率和死亡率也在攀升，它已然成为威胁人类健康的头号杀手。而正是由于担忧这一问题，世界各地都对自然水体中重金属离子浓度进行了严格的规定。对于水体中重金属离子浓度的测定，就显得尤为必要了。

从现有的一些研究中我们可以知道，有机体对重金属离子的吸收情况并不完全取决于溶液中含有的重金属离子的总量。有机体对重金属离子的吸收情况往往与自由重金属离子的浓度，或者说与不稳定重金属离子的浓度存在更好的相关性。除了某些例外情况外，游离重金属离子的浓度在大多数情况下最终决定了重金属的毒性和其作用效果。

传统的定量方法，如原子吸收（发射）光谱法、电感耦合等离子体质谱法和冷原子荧光光谱法，已广泛应用于高灵敏度重金属离子的测定。这些方法除了需要昂贵且精密的仪器外，通常还涉及从水样中提取金属离子这一复杂化学过程，这其中金属离子的形态变化是不可避免的。而且，重金属的大规模测定可能耗费大量的人力、物力、财力和时间。为了保护环境和人类健康，并且能够快速和廉价地界定污染状况并对受污染地方进行修复，需要一种便携式的、低成本的、快速的重金属分析系统，这个系统能够在受污染的地方就对重金属进行筛选。

（二）DNA 传感器监测模型

水环境中的金属离子能够有选择地结合某些碱基，形成稳定的 DNA 双螺旋金属结构。例如，汞离子（Hg^{2+}）能够选择性地与胸腺嘧啶碱基配对，以形成稳定的 T-Hg^{2+}-T 络合物。而银离子则会特异性地与胞嘧啶 - 胞嘧啶（即 C-C）错配并相互作用。对于铅离子的测定，大多数传感器都是基于铅离子依赖脱氧核酶以及 Pb^{2+} 与 G- 四链体形成稳定结构这一原理进行工作的。相应地，利用荧光的各种测定技术（如表面增强拉曼光谱技术、共振光散射技术、比色法和电化学方法等）被应用于对以结构转换型 DNA 为基础的这些重金属离子进行的选择性测定中。

结构转换型DNA传感器有几个独有的特点。首先，通过形成许多弱的非共价键来诱导结构转换，这些非共价键通常对于给定的配体生物分子界面是有特异性的，但对其他分子大多不敏感，即使在诸如自然水体、活细胞或血清等复杂环境中；其次，鉴于这种转换（信号转导）是快速、可逆和无试剂的，这些纳米级的转换适用于对特定目标进行快速、实时和现场测定；最后，结构转换型DNA的构象平衡与其浓度和热力学有关，这使得结构转换型DNA传感器是定量的，并且其动态范围优化不会改变它们结合的特异性。迄今为止，人们已经提出了许多基于DNA结构转换原理来测定重金属离子的方法。然而，这些测定方法大部分是基于均相反应原理进行的，且需要复杂精密的仪器，这使得它们不适用于重金属离子的快速现场测定。

基于全内反射荧光（TIRF）原理工作的消逝波光纤生物传感器已被方便有效地用于确定各种微量的靶标。这些生物传感器具有体积小、伸缩性好、复用能力强、传输损耗小、抗电磁干扰能力强等优点。当光基于全反射通过光纤传播时，产生非常微弱的电磁场（被称为“消逝波”）。该场随着与界面的距离呈指数衰减，其典型的穿透深度为几纳米到几百纳米。这种“消逝波”可以激发接近传感器界面的荧光，例如当荧光与光传感器表面分子结合时可用荧光标记分子（如DNA或抗体）。消逝波的界限范围允许区分结合和未结合的荧光复合物。因此，可以现场实时测定光纤的表面反应。

结合消逝波光学生物传感器和结构转换型DNA的优点，我们提出了一种适用于现场快速测定重金属离子的“消逝波”全光纤生物传感器系统。我们把Hg^{2+}这种剧毒且影响人类和生态系统健康的无处不在的污染物作为模型的目标。考虑到Hg^{2+}生物累积的特性，长期暴露于即便是微量的这种金属中，都会导致一系列严重的健康问题，如脑损伤、肾衰竭、染色体断裂和严重的神经系统疾病。世界卫生组织建议的饮用水中汞含量的限值为30 nm无机汞，而美国环境保护局(USEPA)的限值为10 nm。在新开发的重金属监测系统中，与含有T-T错配结构的荧光标记的互补DNA（CDNA）序列互补的短的DNA探针第一次被固定在光纤传感界面上。为了选择性测定Hg^{2+}，引入荧光标记的CDNA，结合固定的DNA探针到传感器界面上。将事先制备好的光纤生物传感器放入含有Hg^{2+}的溶液中，一些荧光标记的CDNA与Hg^{2+}结合形成T-Hg^{2+}-T复合物，进而导致荧光信号减弱。更高的Hg^{2+}浓度导致更多荧光标记的CDNA去杂交，从而导致探测到更低的荧光信号。结合相关知识，还可以评估Hg^{2+}和含有T-T错配结构的荧光标记CDNA的结合力，以及这种基于结构转换型DNA的传感器的灵敏度和选择性。

DNA 的结构对环境污染物（例如重金属，多氯联苯或聚芳族化合物）的影响非常敏感。这些物质的特点是对DNA有很强的亲和力，会导致突变和致癌。基于这些特征，越来越多的人使用含有 DNA 的系统（例如基于 DNA 的生物传感器）进行遗传毒性测定或用于污染物的致突变和致癌能力的快速测试。此外，一些重金属离子能够与 DNA 碱基结合，可以通过 DNA 探针捕获这些重金属并对其进行测定。

通过设计这种便携式的、低成本的、实时的重金属分析系统，可以迅速对环境污染状况进行判断，及时高效地做出应对举措，为环境污染的治理和生态环境的修复做出贡献。

（三）新型传感器控制方法的设计

由于考虑到传感器测定重金属离子的特殊性，我们考虑设计一种可控硅导通角新型传感器控制方法，来对传感器的使用进行更好的控制。

这个设计的关键是能够使测定或者使用装备时获得稳定的电流。例如，目前利用的可控硅恒流供应能源，实际使用的功率比额定功率大得多，如果利用变压器调节控制电压，设备费用也要大大增加，我们考虑利用新型传感器控制方法来决定起始导通角，这样就能大大降低恒流供能设备的成本。

我们的目的是解决可控硅恒流供能设备成本过高的问题，通过利用新型传感器（附加半可变电阻）与使用电阻并联连接，就不需要更换大功率可控硅或改变变压器调节控制电压，只要一个很小的电子元件（附加半可变电阻），就能方便有效地控制可控硅的导通角，从而达到降低恒流供能设备成本的目的。

在设计中，半可变电阻和附加电阻在可控硅导通角的改变中，起着关键和重要的作用。例如，在太阳能发电站的辅助能源供电设备中，从供能设备开始供电直到供能设备供电功率最大，始终要求供能电流相同。这种供能设备需要恒流装置，如果可控硅开始时的供能电压很低，可控硅导通角很小，就容易烧坏可控硅，而如果更换大功率可控硅或改变变压器调压，就会增加供能设备的成本。

在可控硅整流器的控制回路中，增加一个附加电阻，将电位器调至最小位置，再将半可变电阻调至可控硅导通角最小安全保证位置并将其固定。这样可以任意调整电位器而不会烧坏可控硅，既不需要更换大功率可控硅，又不需要改变变压器调整电压。这种发明技术只要增加一个很小的电子元件，就能将触发信号传送至可控硅，使供能设备调整至额定电流。

通过设计该控制方法，能够很好地为测定装置提供稳定的能源供应。同时，该设计没有使用价格高昂的控制设备，只是使用基础元件利用回路设计来实现DNA传感器对环境中重金属离子的监测，大大降低了使用的成本。

（四）DNA传感器监测环境的实例介绍

监测环境（水体）中有毒重金属离子，如Hg^{2+}的含量非常重要，因为这些离子即使在非常低的浓度下也会对环境和人体健康造成危害。我们需要一种有效测定样品中汞离子浓度的方法，并且这种方法适用于对特定目标进行快速、实时和现场监测。由于金纳米粒子（AuNPs）具有独特的光学性质，其中之一就是表面等离子体共振吸收对AuNPs的尺寸、形状和粒子间距离十分敏感，因此它们是用于设计传感器的十分有吸引力的材料。另外，有利的光学特性，例如极高的摩尔消光系数（高达$10^9\ M^{-1}cm^{-1}$）和宽的能带频宽，使得AuNPs可以作为超淬灭剂。在荧光染料和金纳米粒子之间共振能量转移的基础上，AuNPs被用于测定各种分析物如金属离子和生物分子。我们设计了一种简便快速的荧光测定法，荧光团吸附AuNPs作为探针，用于选择性测定水性缓冲溶液中的Hg^{2+}。

目前许多用于测定Hg^{2+}的基于AuNPs的传感系统，利用Hg^{2+}与结合到AuNPs表面的螯合配体之间的特异性相互作用，进而使Hg^{2+}诱导的官能化AuNPs聚集。与此策略不同，我们的传感设计方案利用了众所周知的Hg-Au金属亲和相互作用。我们设想利用Hg-Au金属相互作用，AuNPs表面上的柠檬酸根离子可以将Hg^{2+}还原成AuNPs表面上的Hg原子，形成Au-Hg合金。

我们设计的原理：通过静电相互作用，阳离子吸附到阴离子柠檬酸盐封闭端的AuNPs上，而这些阳离子有机染料的荧光最初通过能量或电子从荧光团转移到AuNPs而被有效地淬灭。然后，通过AuNPs表面上的柠檬酸根离子还原Hg^{2+}而原位生成的Hg原子沉积到AuNPs的表面上，导致AuNPs释放被吸附的染料。结果，释放的染料迅速恢复其原始荧光信号，从而能够有效测定Hg^{2+}。

基于Hg原子对Au的高亲和力来确定Hg^{2+}的类似方法，与其他金属离子相比，对Hg^{2+}的选择性不是很好。因此，有必要用一些修饰配体如巯基丙酸或巯基乙酸修饰AuNPs表面，并在螯合配体如2，6-吡啶二羧酸或乙二胺四乙酸中进行测定以实现选择性良好。相比之下，我们的传感系统表现出对Hg^{2+}的极好选择性，以及高度的简单性，使用制备好的柠檬酸盐封闭端的AuNPs，而不需要对AuNPs表面进行任何额外的修饰，并且没有引入一个螯合配体。这使得对物质进行测定时，具体操作与发生的反应都简化许多。

对于荧光团，我们选择了一种阳离子硼二吡咯亚甲基（BODIPY）染料 l-PPh3^{+}，它在之前的工作中表现优异，具有柠檬酸盐覆盖的 AuNPs 的静电吸附能力。l-PPh3^{+} 的吸收和发射光谱与 AuNPs 的表面等离子共振（SPR）带重叠。通过在 HEPES 缓冲液中混合 13 nm 柠檬酸盐封闭端的 AuNPs（3 nmol · L^{-1}）和 l-PPh3^{+}（1 nmol · L^{-1}）2 小时来制备 AuNPs/l-PPh3^{+} 吸附物，并在 25 ℃下离心。由于有效的能量转移过程，吸附在 AuNPs 上的 l-PPh3^{+} 的荧光相对于未结合的纯 l-PPh3^{+} 被有效淬灭（＞ 98%）。AuNPs/l-PPh3^{+} 吸附物具有极低（0.001）的荧光量子产率。

AuNPs/l-PPh3^{+} 吸附物的传感过程是将 $HgCl_2$ 加入 AuNPs/l-PPh3^{+} 吸附物溶液，再将磷酸盐缓冲液（50 mmol · L^{-1}，pH8.0）加入混合溶液中，在 λ_{em}=510 nm 处的发射带的强度增加，这是阳离子 l-PPh3^{+} 的特征，发生在 30 秒时间内，并且其在 2 分钟内达到饱和。在向 AuNPs/l-PPh3^{+} 吸附物溶液中加入 50 mmol · L^{-1} $HgCl_2$ 后，观察到 510 nm 处的荧光强度提高了 22 倍。在分析离心后的混合物溶液时发现，上清液的荧光光谱几乎与悬浮 AuNPs/l-PPh3^{+} 吸附物和 $HgCl_2$ 的混合液相同，这表明在 Hg^{2+} 存在的情况下从 AuNPs/l-PPh3^{+} 吸附物释放的 l-PPh3^{+} 具有高度的荧光。对照实验表明，在磷酸盐缓冲液（50 mmol · L^{-1}，pH8.0，5%EtOH，25℃）中向纯 l-PPh3^{+} 单独加入 50 mmol · L^{-1} Hg^{2+} 不会直接导致荧光淬灭或荧光增强。这些结果表明，测定溶液的荧光增强主要是 Hg^{2+} 从 AuNPs/l-PPh3^{+} 吸附物上置换 l-PPh3^{+} 所导致的结果。重要的是，在 Hg^{2+} 不存在的情况下，在磷酸盐缓冲液（50 mmol · L^{-1}，pH8.0，25 ℃）中 AuNPs/l-PPh3^{+} 吸附物稳定超过 1 周，除了荧光变化外没有其他任何迹象，而在 Hg^{2+} 存在时，AuNPs/l-PPh3^{+} 的可见吸收光谱中出现明显向红端移动（红移）的 SPR 带表明加入的 Hg^{2+} 可以通过还原为 Hg 原子诱导 AuNPs 进一步聚集，随后 Hg 原子沉积在 AuNPs 表面上。这一观察结果与我们的工作模型一致，这意味着 AuNPs 的表面电荷中负电荷减少，因此其失去了对阳离子 l-PPh3^{+} 的亲和力，并在感测事件期间变得不易溶于水。

在相同的测定条件下（50 mmol · L^{-1} 磷酸盐缓冲液，pH 8.0，25 ℃），我们获得了与其他汞盐如 $Hg(NO_3)_2$ 和 $Hg(ClO_4)_2$ 相似的结果，这表明反阴离子发挥的作用对我们的传感系统的影响可以忽略不计。因此，AuNPs/l-PPh3^{+} 吸附物是测定水溶液中有毒 Hg^{2+} 含量的简单方法。

为了测试我们的传感系统的选择性，我们测定了 AuNPs/l-PPh3^{+} 吸附物对其他金属离子的荧光响应，首先在 AuNPs/l-PPh3^{+} 吸附物的荧光光谱磷酸盐缓冲液（50 mmol · L^{-1}，pH8.0，25 ℃）中加入 50 mmol · L^{-1} 的各种金属离子，

2 分钟后测量 510 nm 处的荧光强度，结果显示仅在 Hg^{2+} 存在时才发生显著的荧光响应。同时，其他金属种类几乎没有变化。这些结果清楚地表明，AuNPs/l-PPh3^{+} 吸附物基荧光传感器对 Hg^{2+} 的选择性高于其他金属离子。AuNPs/l-PPh3^{+} 吸附物显示出优异的选择性归因于 AuNPs/l-PPh3^{+} 吸附物中的 l-PPh3^{+} 能够取代 Hg 和 Au 原子之间的特异性相互作用，并且 Hg^{2+} 能够被柠檬酸盐封闭端的 AuNPs 还原为 Hg 原子。然而，Hg^{2+} 诱导的荧光增强受共存 Ag^{+} 离子的干扰。例如，向含有 Ag^{+} 的 AuNPs/l-PPh3^{+} 吸附物溶液中加入 Hg^{2+} 导致在 510 nm 处荧光强度增加，但这个改变几乎可以忽略。这种现象可能是由于这些金属离子促进 Hg 原子氧化形成 Hg^{2+}，从而阻止 Hg 原子和 AuNPs 之间特定相互作用的结果。然而，目前不能完全排除银与 AuNPs 或其表面上汞沉积存在其他干扰性相互作用。

为了证明实际样品中 Hg^{2+} 分析的可能性，我们对淮南市采集的含有不同 Hg^{2+} 浓度的淮河水进行了荧光测定。AuNP/l-PPh3^{+} 荧光强度的增加与合成河水样品中 Hg^{2+} 浓度的增加呈线性关系，与在磷酸盐缓冲液中观察到的结果相似。

我们对淮河水进行过滤，对下清液进行微量元素分析（表 2-1）。由于靠近燃煤电厂脱硫系统排水口，其中含有一些微量元素，通过测定可以看到 Hg^{2+} 含量的不同情况。我们针对不同的水质情况做了不同元素的种类比对与分析，并进行了相关金属离子的测定。

表 2-1　微量元素分析

单位：mg/kg

水样类别	Hg^{2+}	Cd^{2+}	Co^{2+}	Cr^{+}	Mn^{2+}	Ni^{2+}
循环液排出口水样	0.76	0.18	0.05	0.06	1.15	6.78
脱硫滤液排水口水样	0.58	0.15	0.012	0.047	4.49	0.28

上述荧光测定方法有几个重要的特点：首先，测定方法设计简单，为 Hg^{2+} 的快速测定提供了一个方便的“混合测定”设计方案；此外，没有使用化学修饰的金纳米粒子或额外的螯合剂，从而提供了一种在水介质中测定汞离子的简单方法。

由此，我们设计出了一种不对待测物产生化学反应，又有高选择性的方法来测定环境中的重金属离子，这使得对环境的分类监测、对各个污染物的有效监测成为可能。

二、水质环境重金属监测技术

在工农业发展所排放的污染物中，铅、铜、铁等重金属的含量严重超标，水质环境自身无法对这些重金属物质进行净化。目前人类技术对这种状况的处理也不十分完善，久而久之，造成水质恶化，影响到水中鱼类等生物的正常生长，对人类的饮水、生活也造成极大的不便，从而产生消极影响。

（一）水质环境重金属监测的意义

我国的饮用水运输现今已经十分发达，能够满足人们的日常所需。在进行饮用水等日常用水的输送前，都要进行水质净化，通过过滤、消毒等方式，保证水质适合人体饮用。但是在水质净化的过程中，重金属的处理一直是难题所在。不同种类的重金属对人体所造成的伤害程度是不一样的。例如，水中含有铅的话，人们通过饮用这种水，就会造成铅在人体内的堆积，进而出现贫血现象。如果水中含有铝这种重金属，就会对人体的胃蛋白酶造成损坏等，并且水中所含的重金属并不仅仅只有一种，而是多种并存的。针对这种状况，我们要结合实际，分析水中所含的重金属含量，加入适当的化学物质进行中和处理。要分析水中的重金属含量，就必须运用重金属监测技术。

（二）目前水质环境中重金属污染状况

目前我国的水质环境中重金属污染状况较为普遍。北到松花江，南到海南三亚，都出现了水质重金属污染状况。根据国家相关的水质标准，我国的水质污染多为复合型污染，不仅是一种重金属污染，还是多种重金属污染的混合体，这就使问题更加棘手。调查结果显示，水中重金属的含量与水的含盐度有关，也就是说，当水的盐度较高时，水质环境中重金属的含量也会相对较高，水底沉淀物中重金属的含量就不会太高，盐度较低时则恰恰相反。水的 pH 值也会对水质环境中重金属的含量造成影响，当 pH 值较高时，水质环境中重金属的含量相对较低，水底沉淀物中重金属的含量较高，若 pH 值较低时则相反。在河流的受污染状况调查上，我们能发现靠近河岸的地方水质环境中重金属的含量较高，河流中部水质环境中重金属的含量较低。例如，在松花江水质调查中，松花江的中下游重金属含量并没有达到国家相关标准的要求，松花江沉淀物中重金属的含量却高于标准规定，并且主要为镉（Cd）和 Hg。对长江水域的水质状况研究表明，长江口重金属含量不高，但如果不加紧管控，也会出现风险。值得一提的是，水量的大小、季节的变化也会对水质环境中的重金属含量产生一定的影响。

（三）水质环境监测中重金属的监测方法

1. 分离富集技术与电感耦合等离子体原子发射光谱法相结合

电感耦合等离子体原子发射光谱法的测量结果十分准确，而且相比较于其他方法，这种监测方法更快速、更简便，所以在监测中的使用率较高。一般情况下，水中的重金属含量都比较低，虽然电感耦合等离子体原子发射光谱法的灵敏度较高，但测定难度仍旧较大，因此在使用时应该与分离富集技术相结合，更高地提升测定技术，使应用范围更广。这些年来随着技术的发展进步，出现了氢化物发生法、流动注射法等新的富集分离手法，并且这几种手法都在测定水质环境中重金属含量的实际应用方面取得了不错的成效。

2. 流动注射分析法

取相等体积的试验品，将试验品投放到相对应流速的载体中，当两者经过反射器时，会实现一定的混合，混合的产物自检测器流出后，就可以进行测定。这种方法非常适用于贵重试剂的测定，其效率较高，能使试剂的消耗量得到降低，可以在很大程度上避免试剂浪费。

3. 荧光分析法

这种方法又可以分为分子荧光光谱法和原子荧光光谱法，主要用于测定待测物中是否含有荧光物质。在对重金属离子的测定中，荧光分析法的灵敏度较高，而且操作起来相对简单，但是由于在水质环境监测中重金属离子中很多并不含有荧光物质，如果使用这种方法必须要在测定物中加入一定量的荧光，多数情况下会造成浪费。荧光分析法本身的特点使其在运用中受到约束，所以这种方法在实际中的应用并不多见。

重金属监测工作在水质环境的监管中占比较大，随着技术的进步，重金属监测方法也在不断改进，不同的监测技术适用于不同的范围，技术的发展让监测的灵敏度越来越高，监测的结果也越来越准确。水质污染的影响显而易见，重金属监测技术正不断发展，但无论重金属监测技术如何发展，本质目的都是维护水质环境，我们不能因为重金属监测技术的不断完善而忽视对水质的管理，关于保护水质这方面，我们还有很长的路要走。

三、工业废水中重金属污染物在线监测技术

就工业废水重金属监测技术来说，目前很多方法仍以实验室确证性分析为主，如原子吸收分光光度法、电感耦合等离子体原子发射光谱法、电感耦合等

离子体质谱法、电化学分析法、化学比色法、射线荧光法、离子色谱法、中子活化法等。其中，在利用原子吸收光谱法对金属元素进行测定的过程中，每次仅可以测定一种元素，具有较高的检出限，电感耦合等离子体原子发射光谱法与电感耦合等离子质谱法能够同时对多种金属元素进行分析，但是这些测定方法使用的设备需投入较高的维护费用。所以在重金属在线监测当中，以上这些技术受到很大限制。

就在线监测水中重金属而言，我国在此方面起步比较晚，监测六价铬较多，而在线监测其他金属成品则比较少。

如今，在我国工业废水重金属在线监测当中，化学比色法与电化学分析法应用最为普遍。下文主要结合实践对这两种方法进行详细分析。

（一）化学比色法技术分析

化学比色法是一种重要的监测方法，是基于朗伯－比尔定律来进行测定的，重金属离子在一定条件下和相应试剂发生化学反应，新的化学物质产生于溶液中，这些物质吸收特定波长的光。当新产生的化学物质匹配的一束单色光通过此类溶液时，溶液的吸光度与新产生的化学物质在溶液中的浓度相关，在此前提下，我们可以建立吸光度和被测组分浓度的关系模型。

这一测定方法相对较为简单，测定过程当中不会应用到特殊的设备，通常分光光度计便能满足这一需求，所以，在实验室分析过程当中，这一方法的应用较为普遍。在线分析水中重金属物质时，应合理选择显色剂，以消除其他金属组分干扰因素，在此基础上还应获取可靠的单色光和光强测定系统；同时为了提高测量的稳定性与精准性，可靠的进样装置也是十分重要的；还应考虑在线监测仪器的运营和维护费用。

通过这种方法在线监测水质时，针对不同的重金属组分，应当选择不同的显色剂，如对于砷进行测定时，通常采用银盐，测定铅、锌时通常采用二硫腙，测定镍元素时一般采用丁二酮肟等。同时为了减少其他组分造成的干扰，应当利用有效的方式进行处理，包括将掩蔽剂加入其中，或者加入氢氧物发生剂。对于比色法水质在线分析仪，一般情况下，一台仪器只可以对一种离子进行测定，难以对多种离子同时开展测定工作，根据被测组分的差异，同一种在线分析仪，一般可分为测离子态和测总量两种类型，同时具有多个量程。

在线监测重金属过程当中，这一方法的灵敏度不高，在测定某些特殊组分以及较高浓度的重金属时比较适用，如在对工业废水中高浓度重金属组分的测定中发挥着重要的作用，特别是针对一些钢铁冶炼废水、采矿造成的废水及电镀废水等。在测定低浓度重金属组分的过程当中，如在测定污水处理设施排水口重金属含量的过程当中，这一方法通常很难满足特定要求，所以不应当采用这种方法进行测定。在对水中重金属在线分析仪器选型的过程当中，应当考虑一个问题：在测定某些重金属物质时，将掩蔽剂或者显示剂加入其中，再加上一些生成物质，会对监测仪器以及环境还有工作人员，造成很大的安全隐患。以砷比色法为例，一些厂商选择氢氧化物发生比色法，会有砷化氢这种剧毒气体产生，其危害性非常大。另外，还应考虑比色法在应用过程当中存在的干扰问题，如浊度以及颜色的不同都会干扰到测量，还应当对重金属组分彼此之间的干扰问题进行分析，在测铅过程当中通常选择二硫腙作为显色剂，但是这种显色剂，可以和钴、镍、铜、锌等各种离子产生化学反应，并有有色化学物质生成，如果在铅测定过程当中，选择应用二硫腙法，那么测定水样当中这些组分含量不能过高，或者需要采用一些方法来预处理被测样品。

（二）电化学分析法监测技术

现如今，在工业废水重金属污染物在线监测过程当中，电化学分析法也是一种先进的监测技术手段，这种方法是充分结合化学变化与电现象进行重金属污染物在线监测的一种重要技术手段，普遍应用于很多领域当中，在对水中 $\mu g \cdot L^{-1}$ 数量级的重金属污染物的监测中发挥着十分重要的作用。对于电化学分析法而言，主要有三个阶段划分。

第一阶段为预电解富集，利用前处理系统处理水样，利用顺序注射系统流入电解池单元，对工作电极施加一定电压，来预电解富集分析组分，在工作电极上富集被测金属。

第二阶段为静止，维持电解池处于静止状态，通过采用一些方法，让重金属稳定在工作电极上，并消除水中气态物质造成的干扰。

第三阶段为溶出，通过采用特定方式，在工作电极上溶出工作电极上富集的被测重金属，有效获取被测组分的波形，依照波形（峰高和峰位置），确定被测组分及其浓度。工作电极是电化学分析法中最为重要的内容，汞膜电极、液态汞电极以及多孔电极、铂电极、金电极等是重要的工作电极。

对于电化学分析法而言，在合适的分析环境以及工作电极前提下，可以定量精准地分析重金属在水中的 $\mu g \cdot L^{-1}$ 数量级，而且可以对水中很多重金属离子同时进行分析，分析工作开展时，不会有副产物产生。然而，有机物在水中会对电化学分析方法造成相应干扰，因此必须要开展预处理工作，大多时候都是对一些金属离子总量进行分析，如总铅、总镉等。倘若电极采用的是汞膜或者液态汞，分析过程会将汞引入其中，不仅会危害环境，同时还会对工作人员造成很大危害，这也是影响此项技术推广与应用的主要原因。

四、在线重金属分析仪存在的问题

①缺少相应的检定规程，这就导致重金属在线分析产品存在良莠不齐的现象，如比色法重金属分析仪难以实现 $\mu g \cdot L^{-1}$ 数量级重金属分析，而在线分析重金属时，常常需要分析这一数量级的重金属，有的厂商为了适应这些需求，盲目宣传比色法重金属分析仪可以达到 $\mu g \cdot L^{-1}$ 数量级重金属在线监测要求，不符合实际。

②在线分析重金属过程中，由于缺少相应的检定规程，在认证计量仪表上，有很多问题存在，有的公司为了达到市场策略，扩大宣传，采用过期的认证开展宣传工作，对重金属在线监测市场的稳步发展形成很大阻碍。

③在验收重金属在线监测结果时，缺少相应的标准，未来重金属在线监测极可能产生建设后无法准确运营的风险，因此提高其规范化水平，是当前亟待解决的重要问题。

对于重金属在线监测而言，当前虽然还有一些问题存在，但伴随相关制度逐渐完善，在线监测也会得到进一步规范和提升。加强环境监测的重要目的是对环境进行改善，特别是在绿色环保理念不断深入的今天，更应当加强工业废水重金属污染物在线监测，提高监测技术水平，为保护和改善环境提供强大的支撑。

五、工业废水中重金属在线监测技术的发展趋势

近年来社会经济高速发展，人们的环境保护意识逐渐增强，绿色发展理念也深入人心。一方面，水中重金属污染问题变得越来越严重，极大地提高了重金属污染物在线监测的技术需求；另一方面，监测的最终目的是保护和改善水环境，而这些都给测量技术的环保性提出了更高的要求，而在线监测工业废水重金属技术的作用和地位越发凸显起来。

在重金属在线监测方法中，化学比色法相较于传统方法，更容易被接受，因此化学比色法应用较为普遍，在今后的监测过程当中，依然能够发挥更大的作用，尤其是监测环境本底值较高但不会对动植物造成更大危害的锌、铜等金属离子时，化学比色法仍是重要的首选监测技术。例如，重金属在线监测过程当中，SIA-2000 系列仪器，采用顺序注射分析法，试剂消耗量精准到 1μL，明显比化学比色法要少，能够有效控制运营成本，作用优势非常突出。

在水中重金属在线监测过程中，运用电化学分析法，针对一些饮用水源和地表水没有较高重金属含量的水环境监测，主要保持在 $\mu g \cdot L^{-1}$ 数量级，而对于一些工业企业和市政排污口，数量级则保持在几十到几百 $\mu g \cdot L^{-1}$，所以在重金属在线监测过程中，电化学分析技术具有非常低的检出限，发挥的作用也非常大。但是近年来，绿色监测理念深入人心。过去应用汞膜电板以及液态汞电极的电化学分析技术，越来越不被人们所接受，在金属在线监测中无汞重金属在线分析仪将成为重要的监测工具。

第三节　非金属无机污染物监测技术

一、电位分析法

这是电化学分析法的一种，是在零电流下测量电极电位从而测定水质成分的方法，它与水环境中被测非金属无机污染物离子的活度有关。

（一）直接电位法

根据电池电动势与有关离子浓度的函数关系，即能斯特原理，直接测出水中污染物离子的浓度。这种方法可测定的非金属无机污染物的项目有 F^-、CN^-、S^{2-}、NH_3、NH_3—N、NO_3—N、NO_2—N、Cl^- 以及 DO 等。该法操作方便迅速、灵敏度高，可连续自动监测。但是这种监测分析方法对于电极响应斜率和水质的稳定性有很高的要求，在监测分析过程中会受到电极性质的限制。

1. 直接指示法

利用标准溶液校正离子选择电极及仪器，可在仪表上直接测得试样中待测离子的 pX 值（溶液中待测离子活度的负对数）。这种方法可以直接测得水体中的水分活度，也适合对浓度低且污染物成分简单的水进行快速分析，因此这是一种简便快捷的监测无机污染物的方法。

2. 标准曲线法

当试样溶液中含有其他不干扰测定的离子时，可采用与样品溶液类似的标准溶液，使标准溶液中的液接电位尽可能不变，标准溶液的组分与试样溶液要力求一致。

标准曲线法即置电极在一系列的标准溶液中，测定电极电位值，在半对数（或方格）坐标纸上绘制电位 - 浓度曲线，然后测量样品溶液的电极电位值，在相应的电极电位标准曲线上求得试样溶液的活度（或浓度）。

3. 标准比较法

标准比较法适用于检测少量（或有限）样品，应保证监测中提供的标准液和所要监测的样品液体中的待测离子在电极响应线性范围内，同时在电极斜率已知和未知的情况下应分别采用单标准和双标准比较法进行分析。单标准比较法需要一个标准溶液，而双标准比较法要有两个标准溶液，通过标准溶液和样品溶液的相应电极电位计算出电极响应斜率。

为了得到较准确的结果、便于计算和减小测量时的误差，在实际工作中，应尽可能选择与待测标准溶液的组分相近的标准溶液，通常使两个标准溶液的浓度成 10 倍关系。

4. 标准加入法

在水和废水监测的样品中，如果污染物的组成比较复杂，这时就可以采用此种方法进行分析，将标准溶液加入待测定的样品溶液中进行监测分析，得到高精度的监测分析结果。首先要根据相应的计算公式测得电池电动势，然后将一定体积的标准溶液加入待测样品试液中，测得此时的电位值，最后将电池电动势和电位值相减，就得出了待测污染物的离子浓度。

在有大量络合物存在的污染物监测中，该方法是使用离子选择性电极测定待测离子总浓度的有效方法，因为它只需要一种标准溶液就可以简便、快捷、高效地进行监测操作。

标准加入法的测量精度取决于标准溶液的浓度、体积和待测离子的体积，标准溶液已经过高精度测量，因此按照常规方法就可以很准确地对其进行监测，待测污染物的离子浓度数值越大，说明测量的精度就越高。在实际的监测分析中，待测液的浓度要小于标准液的浓度且体积要大于标准液，试液浓度的增量应该控制在 1 ～ 4 倍待测离子的浓度范围内，这时测得的误差会最小。

5. 格氏作图法

格氏作图法的原理，是将一系列已知量增加到样品试液中，并测量每次加入后的电位值，以电位和已知增量的体积作图，这些点可以连成直线，并使其向下延长，与水平坐标的交点，即样品试样浓度。格氏作图法是选择性电极法在数据处理时应用的一种重要的方法。

（二）电位滴定法

电位滴定法是根据滴定过程中电位的突跃变化来确定滴定终点的滴定方法，利用电位滴定法进行水和废水监测能够分析酸度、碱度、硬度、溶解氧、氨氮等水质项目。在有色滴定、浑浊废水滴定等水质监测中，比直接用指示剂滴定法能够更加准确地监测分析，同时能实现高精度的水质监测分析，因此电位滴定法更加适合于水和废水中无机污染物的监测。

电位滴定法不仅不用严格使用指示电极，还可以利用化学反应来间接测定离子，比一般的滴定分析法测定的对象范围广，便于自动监测各类水体。对于不同类型的滴定方法，要选用合适的指示电极。

二、生物传感器测定法

生物传感器测定法是指利用生物分子优良的分子识别功能，结合转换功能进行测定的监测方法。该方法利用与待测物质具有良好选择性反应的生物分子进行测定。随着反应的进行，生物分子及其反应生成物的浓度发生变化，通过转换器变为可测定的电信号，从而达到选择性地测定待测物质的目的。常用的生物分子有多种，其中以酶及抗体最为常用。常用的转换器有电极、各种光学装置及石英振子等。生物传感器测定法具有操作简便、快速、耗资少的特点，特别是在测定剧毒物质时能够达到安全监测的要求。

三、其他监测仪器及技术

GC-MIP-FTIR 能同时测定试样中的 C、H、O、N、F、CL、Br、S 等元素，可根据混合试样中这些元素的保留时间、共振频率及强度进行三维解析，仪器要求条件较高且复杂、昂贵。

一般元素分析仪能很方便地进行 C、N、S 等元素的测定；测定水中颗粒物吸附的 CL、Br 时，可采用二级石英管燃烧法。

测定非金属元素时，可采用衍生化方法，还可用 IC 法、HPIC 法以及分光光度法。

分光光度法测定 HS^-、CN^- 及 Br^-、I^- 等离子时可达到极高的灵敏度，例如，用氯胺 -T、二苯甲烷测定 Br^-、I^- 的检出限分别是 15 pg · mL^{-1} 和 20 pg · mL^{-1}。

第四节　有机污染物监测技术

一、有机物污染及其治理

随着社会经济的快速发展，特别是工业化与城市化进程的加速，水环境问题日渐严峻，水环境中的污染物类型日渐丰富与多样，人们对其给予了高度关注。水环境中污染物主要以沉积物形式存在，并且在水与底泥间迁移转化，为了有效保护水环境，应对沉积物展开全面、科学与合理监测，以保证水体污染治理的效果。

对于水环境中的有机物污染而言，有机物拥有生物积累性，增加了突变、畸形、癌变等发生率。从目前来看，做好水及废水监测，并对其中的有机污染物进行有效测定是提高水源保护质量的关键，结合当前水和废水监测中有机污染物的类别，以及有机污染物造成的影响，做好监测并提高污染监测的针对性和有效性，对满足水源保护要求和提高水源保护效果具有重要影响。因此，我们应当掌握水及废水中有机污染物的种类及来源，分析有机污染物造成的危害，并制定有针对性的监测和治理方法，使废水中的有机污染物能够得到有效治理。

水环境污染中的有机物污染可细化为耗氧有机物污染与痕量有机物污染，而日趋增多的有机物污染，直接影响着环境可持续发展，甚至威胁着人类身心健康。根据有机污染物的不同特点，要选用不同的监测方式，对水体样品和设备仪器进行预处理和监测，分离出水体中的污染物进行定量分析。

有机污染物是水及废水中的重要物质，对水体质量造成了严重影响，如果不加强有机污染物的监测和治理，不但会造成二次污染，同时也会增加水源的治理难度，使整个水源保护处于不利局面。因此，我们应当认真分析有机污染物的种类、来源及其对水源的危害，并制定有效的监测和治理措施，有效应对有机污染物问题，解决水及废水监测中有机污染物的测定问题，以实现对水源的有效保护。

21 世纪，由联合国环境规划署理事会组织召开的国际文书政府间委员会第五次会议正式对 12 种有机污染物进行了明确规定，要求禁止或限制其使用，并号召世界各国关注环境，开展水环境监测。

（一）水及废水中有机污染物的种类及来源

1. 有机物的种类

目前废水中的有机物主要包含氨化物、氮化物以及氯化物，这三种有机物是废水中常见的有机物。它们在废水中的总体数量较大，对整个废水的水体成分造成了较大的影响。其中氨化物、氮化物以及氯化物，主要包括尿素、脂肪酸、尿酸、有机碱等，这些化合物主要来源于工业废水和生活污水以及饲料加工厂和肉类加工厂等特殊的生产企业。从目前废水的指标来看，在废水污染物中有机物所产生的污染较大，治理难度较大，对整个水质产生了不可逆的影响。因此，如何减少废水中的有机污染物，提高废水治理的质量，是水源保护以及污水治理的重要任务。为此，我们应当对水及废水中的有机物种类进行全面分析。

2. 有机物的来源

从目前有机物的来源来看，有机物主要来源于水和民用废水，其中工业废水中的氯化物含量及氨氮的含量占据了废水中有机物的90%，而生活污水和动物饲养过程中产生的污水中含有的氯化物和氨氮的含量只占有机物的10%。从这一点来看，工业废水是造成水源污染的主要原因，目前在工业废水中造成氯化物、氨化物和氮化物超标的主要源头在于钢铁企业、炼油企业、化肥企业、无机化工企业、钛合金企业、玻璃制造企业、肉类加工和饲料生产等企业排放出的工业废水。工业废水中含有大量的有机物，这些有机物对水源造成了严重的影响，并且有机物的治理难度较大，有机物能够不断地繁殖和生长，从而造成水中的有机物数量不断增加，严重影响了工业废水的治理。因此，掌握有机物的来源，对解决工业废水治理问题具有重要意义。

（二）水及废水中有机物的危害

1. 影响水体质量

从目前水及废水中的有机物来源来看，以工业废水为主，工业废水中的有机物不但种类多，对水体质量的影响也比较大，有机物会在适宜的条件下不断生长繁殖，最终造成严重的水体污染，使整个水源地受到影响。从目前废水的治理过程来看，如何防止有机物的污染，减少有机物的排放是治理工业废水的重要措施。从现有的污水治理经验来看，废水中的有机物在适宜的条件下会生长繁殖，对水体质量产生不可逆的影响，如果不加以有效控制，水体质量会急剧下降，导致水源地爆发大型的污染事件。因此，掌握有机污染物的特性，并认识到有机污染物对整个水体质量的影响，对有机污染物的治理和水源地保护具有重要作用，分析并把握有机污染物的特点对提高水体质量具有重要意义。

2. 造成二次污染

有机污染物不但能够对水体造成一次污染，同时在水中遇到适宜的条件还会产生二次污染，主要表现在有机污染物具有一定的繁殖能力，特别是氨化物和氮化物能够在水中富养的环境下生存，遇到温度和气候适宜的条件时其生长速度会变快，从而迅速地侵入水体，使整个水源地的污染面积迅速扩大，使水源地在保护工作方面面临严峻的挑战。因此，在有机污染物的防治过程中，应当做好有机污染物的监测，一旦发现存在一定数量的有机污染物，应当立即采取有效的治理措施，避免有机污染物治理不当而发生二次污染，从而对整个水源地造成影响。由此可见，防止二次污染是解决有机污染物问题的关键。

（三）水及废水中有机污染物的监测和治理方法

1. 监测方法

基于有机污染物的危害以及有机污染物对水体质量产生的严重影响，在有机污染物治理过程中，首先应当实现对有机污染物的有效监测。为了满足监测要求，我们应当在水源地和水源地流域建立水源监测网络，通过定时取样的方式对水源地的水体质量进行化验，并分析水体质量的变化趋势，以及水体中有机污染物的含量，保证监测的密度和频次达标。

除此之外，还要提高监测的针对性，应当对工厂周边的流域进行重点监测，保证水及废水中的有机污染物能够得到有效的监测，减少有机污染物的排放，一旦发现有机污染物排放到水源地中，应当立即采取干预措施，避免有机污染物得不到干预发生大面积的扩散。因此，科学监测提高监测质量，并定期对水样进行化验和分析是做好水体监测的重要措施，也是解决水体监测问题的重要措施。

2. 治理方法

基于有机污染物的特点以及有机污染物造成的严重危害，在有机污染物治理过程中，应当从源头入手，防止有机污染物过多地排放到水体中，应当掌握流域附近工厂的数量及类别，对容易产生有机污染物的工厂进行定点监控，一旦发现有机污染物排放超标应立即与企业沟通。

除此之外，还可以采取生物处理的方式。例如，污水中的氮主要以有机氮和氨氮的形式存在，可在水底投入微生物，用微生物去除有机氮。同时，可通过生物同化及生物矿化的方式，有效处理有机物中的氨氮，使氨化物和氮化物在水体中迅速消除以降低氨化物和氮化物对水体的污染。目前微生物处理是重要的治理方式，对提高废水治理效果具有重要作用。

总之，我们应当掌握水及废水中有机污染物的种类及来源。在水源保护中，有机污染物的测定对整个水源保护具有重要影响，做好有机污染物的测定，并采取有效措施予以治理，对提高废水治理效果和解决水源地保护中存在的有机物治理问题具有重要作用。为此，我们应当按照废水监测的实际要求，重点做好有机污染物的测定，保证有机污染物测定能够达到要求，使有机物的测定能够更好地为水源地环境治理服务，对于提高水源地环境治理效果具有重要作用。

二、快速溶剂萃取技术

快速溶剂萃取技术（ASE）以持久性有机污染物（POPs）为研究对象，该类污染物具有积蓄性、持久性、高毒性、半挥发性与长距离迁移性等特点。在监测水环境中持久性有机污染物时，如果仍采用传统方法，则难以满足工作需求，造成此情况的原因为持久性有机污染物采样点复杂、样品数量较多，实践中应进一步增加萃取的效率与质量。

快速溶剂萃取技术，对固体或半固体样品中的有机物实现了有效、快速萃取，其在水环境监测中扮演着重要的角色。该技术经过普遍与广泛使用，逐渐成为标准方法，与其他萃取方法相比，优势显著。

（一）快速溶剂萃取技术原理、流程及特点

1. 原理

快速溶剂萃取技术以溶质在不同溶剂中具有不同溶解度为依据，通过快速溶剂萃取仪与合适的溶剂，在高温、高压环境下，快速、有效萃取样品中的有机物。溶质受高温（度）及高压（强）的影响，向正反方向进行，使解吸与溶解速度、溶剂沸点均大幅度提高，此后分析物可从基质中快速解吸，并且可迅速进入溶剂，进而保证了萃取速率。

在高温方面，快速溶剂萃取仪的萃取位共 12 个，清洗位共 2 个，萃取池共 3 个，其体积各异，分别为 34 ml、66 ml 与 100 ml。在实践中应以有机物溶解难易度为依据，选取合适的温度。此仪器的温度范围在 50 ℃～ 200 ℃，通常情况下，水环境污染物均温为 100 ℃，因此，常规萃取污染物时，可选择的温度范围为 5 ℃～ 125 ℃。待温度升高后，不仅会增加基体效应、反应速度与溶解速率，还会降低溶剂黏度。

在压强方面，快速溶剂萃取技术本质为液固萃取，随着压强的提高，萃取过程中溶剂沸点将明显提高。与气态溶剂相比，液态溶剂与溶质反应更易发生，同时高压、高温条件下，溶剂可持续保持液态，其在溶剂萃取仪中可快速分散，进而保证了溶剂萃取速率。此仪器的压力为 1500 psi（约 10.34 MPa）。

在循环方面，水环境有机物萃取应坚持多次少量原则，通过静态萃取次数的增加，如 2 ～ 3 次循环操作，以此来接近动态萃取，以保证萃取效果及质量。

2. 流程

快速溶剂萃取技术的萃取流程如下：在萃取池内加入有机污染物与溶剂，此后加热加压，待达到目标温度与压强条件后，再加入溶剂，经数次循环萃取，

再展开萃取分析。在实践过程中应注意以下事项。

一方面，准备样品。如果工作中选用含水样品，则会影响萃取效率，因此，萃取前应利用自然风干法或添加干燥剂法，以此干燥样品；如果监测中涉及的样品颗粒表面积过大，也会降低萃取效果，在此情况下，萃取前应对样品进行研磨，使其颗粒粒径均不足 0.5 mm。以聚合体样品为例，如液态氮，其应处于低温环境，并在加入添加剂后实施研磨；如果样品为海砂或硅藻土，由于其颗粒较细，萃取时应利用分散剂，以此保证萃取质量。

另一方面，选取萃取剂。萃取剂的选取是否合理直接关系着萃取效果，影响着目标化合物是否萃取成功。快速溶剂萃取技术可应用有机试剂、缓冲溶剂、水等，但禁止使用强酸。实践应遵循相似相溶原理，即萃取剂极性和目标化合物应保持一致。如果混合物为不同极性溶剂，则可利用多类型化合物进行萃取。

3. 特点

①使用较少的有机溶剂就可以完成测定。

②萃取过程中可以快速、高效地进行，常规萃取一次仅需 15 min，同时其拥有良好的选择性，保证了萃取质量，已被美国制定为 EPA 标准方法。

③便捷、安全，在实践过程中可对 12 个样品展开连续、自动萃取。

（二）快速溶剂萃取技术在水环境监测中的应用

1. 工艺比较

（1）传统工艺

以 10 ～ 30 g 的样品量为例，与索氏提取技术相比，快速溶剂萃取技术需要的溶剂体积为 15 ～ 45 mL，萃取时间为 1 ～ 4 h，而前者需要 300 ～ 500 mL、4 ～ 48 h；如果样品量为 30 g，超声波提取技术需要的溶剂体积、萃取时间分别为 300 ～ 400 mL、0.5 ～ 1 h；如果样品量为 5 g，微波提取技术需要的溶剂体积，萃取时间分别为 30 mL、0.5 ～ 1 h。此结果表明，在样品量相同情况下，快速溶剂萃取技术所用溶剂明显少于其他方法，在样品量不同的条件下，经计算可知，快速溶剂萃取技术所需的时间为 12 ～ 20 min。因此，快速溶剂萃取技术作为全自动萃取技术，既节省了时间与溶剂，又凸显了其高效性、经济性与快速性等优点。

当前，多数实验室仍采用索氏提取技术，其属于传统方法，溶剂用量基本在 500 mL 以上，萃取时间范围为 4 ～ 48 h，同时系统密闭性及自动化较差，实践中仅可选用一种溶剂，而快速溶剂萃取技术，溶剂用量仅在 10 ～ 15 mL、萃取时间范围为 10 ～ 15 min，同时系统具有良好的密闭性与全自动化，在选取溶剂时具有较强的自由度。通过对比分析可知，在萃取中利用快速溶剂萃取技术，缩短了操作时间，保证了萃取效率，因其溶剂用量较少，还降低了单个样品提取费用，同时在密闭系统环境下，避免了有机组分损失，保证了回收率。

（2）超临界萃取技术

超临界萃取技术是利用超临界状态的气体实现萃取的，涉及的溶剂为中性二氧化碳与极性改进剂，同时需要 3 ～ 5 个氧气瓶，其仅能够满足小样品量的萃取需求；而快速溶剂萃取技术借助溶剂萃取，其选用的极性溶剂，具有较强的选择性，同时仪器配置简单，便于操作，再者也符合大样品量的萃取需求。经对比研究显示，快速溶剂萃取技术优势显著，具有较广的适用范围与简便的萃取操作，同时在化学工艺中，气体萃取效率明显高于液体，其工艺简便，并且对溶剂要求简单。对于快速溶剂萃取技术中的萃取池而言，最大体积为 100 mL，不仅符合大量样品处理需求，同时也满足了痕量或超痕量污染物的萃取需要。

经过上述比较分析可知，快速溶剂萃取技术可取代其他方法，总体来看，此工艺具有高、精、尖等特点。

2. 应用情况

根据相关规定可知，快速溶剂萃取技术可用于水环境监测。经实践可知，此技术对有机氯、有机磷、除草剂、多氯联苯类物质、多氯二苯呋喃、柴油、多芳香烃、有机金属化合物等萃取效果显著。在实践中可联合运用不同技术，如将快速溶剂萃取技术与索氏提取技术、超声萃取技术等兼容，并使操作全过程处于封闭状态，从而提高了萃取的安全性，保障了人员安全，防止了环境污染。

国外学者以水环境中的土壤为研究对象，其含有不同浓度的有机氯农药与多环芳经，监测中选用了快速溶剂萃取技术与索氏提取技术，其结果为，与索氏提取技术相比，快速溶剂萃取技术的萃取效果更优；相关学者经实践证实，在有机氯农药提取中应用快速溶剂萃取技术的效率及质量均优于索氏提取技术；国内学者以水环境中含有有机磷农药的样品为研究对象，比较了不同提取方法的效果，其结果显示，快速溶剂萃取技术的回收率高于其他方法。

3. 技术改进

在水环境监测中，快速溶剂萃取技术仅对固相物质的萃取效率较高，但对于整个水环境而言，其中的有机物繁多，快速溶剂萃取技术用于其他有机物萃取，则显现出了一定的不足。因此，日后应对此技术展开改进，使其适用于更多有机物的萃取，以此增强监测强度，提高其全面性与准确性。

与此同时，水环境中含有一定的易挥发性物质，如果仍采用传统顶空气相色谱法，则难以保证监测效果，因此，应探索与运用吹扫捕集气相色谱法。在 ASE 技术支持下，水环境监测水平大幅度提升，实现了对半挥发、难挥发及难降解有机物的准确监测，在开展工作时，应对不同技术，如固相萃取技术、色谱技术等进行综合运用，在此基础上，水环境监测成效将更加显著。

第三章　空气和废气监测技术

随着空气和废气环境污染问题的日益严重，相关部门对大气环境保护工作越来越重视，建立一个完善的空气和废气环境质量监测体系，并进行相关监测分析，将是环境保护工作中十分重要的一部分。本章分为环境空气与废气、无机污染物监测技术、有机污染物监测技术、颗粒物监测技术、降水监测技术五个部分，主要包括环境空气与废气概述、空气污染物种类、空气污染的现状及危害、紫外-可见分光光度法、气相色谱法、色质谱法、滤膜捕集-重量法、压电晶体振荡法、β射线吸收法、固定污染源废气中颗粒物监测技术、降水监测项目及技术分类、称重式降水监测系统等内容。

第一节　环境空气与废气

一、环境空气与废气概述

（一）地理概念

“空气”是一种广义的空间地理概念，航天时代之前仅指地球表面的空气压，航天时代以来，泛指各行星表面的气态层。在环境科学中，空气是指地球大气层中的各种气体和悬浮物组成的复杂流体系统，其主要作用如下。

①直接参与生命物质循环：动物呼吸氧气，放出二氧化碳；植物吸收二氧化碳，进行光合作用，放出氧气。

②调节生态系统功能：带动水的循环，调节气候；传递植物花粉，使生命得以繁衍生息；稀释分解有毒、有害物质，维持基本生存条件。

③对地球表面的防护作用：臭氧层对紫外线的防护；空气层对陨石雨的防护；温室效应，维持地球温度。

④提供人类生产和生活的原料，如提供医用氧气、助燃、传播声音等。

（二）物质概念

“空气”是一种物质定义，特指地球表面附近的气态物质，位于近地面约10 km的对流层，也称空气层，是多种气体的混合物，适宜人类和生物在其中生长。空气层厚度虽然比大气层厚度要小得多，但空气质量却占大气总质量的95%左右。

在环境监测科学中，更多地使用“环境空气”的概念，一般泛指人类生产、生活环境周围的空气，更多的是指现有监测技术条件所能测量到的空气部分，即“环境空气”通常用以表征能够测量到的空气。习惯上，人们常把“环境空气”与“空气”作为同义词使用，而很少使用“大气”的概念。

（三）环境空气与废气的组成

1. 清洁干燥的环境空气

清洁干燥的环境空气有自己固定的组成。

在不到0.1%的少量气体中，二氧化碳、水蒸气和臭氧等会对环境空气的物理状况起到很大的影响作用：二氧化碳影响气温变化；水蒸气的含量因地理位置和气象条件的不同变化很大，干燥地区和暖湿地区的水蒸气体积变化范围为0.02%～0.48%；臭氧能够吸收太阳紫外辐射从而保护地面上的生物。

2. 废气

与清洁空气相对应的是废气，这是人类不需要的但又很难避免的环境要素之一。废气是指人类在生产和生活过程中排出的有毒有害的气体，严重污染环境和影响人体健康。

①各类生产企业排放的工业废气是空气污染物的重要来源，因其排放相对固定，又称固定污染源废气。

②还有一类废气的排放具有流动性，最典型的就是机动车尾气。机动车尾气中含有上百种不同的化合物，其中的主要污染物有一氧化碳、二氧化碳、碳氢化合物、氮氧化合物、铅及硫氧化合物等。飞机和轮船排放的尾气也属于流动污染源废气。

二、空气污染和空气污染物

（一）空气污染及其分类

在人们的日常生产、生活中产生的大量废气排入空气，或自然过程引起某些物质融入空气中，当其浓度超过环境所允许的极限，并持续一段时间后，就会改变空气的正常组成，破坏自然平衡，造成社会危害，这种现象就称为空气污染。

根据影响范围，空气污染可分为四类，如图 3-1 所示。

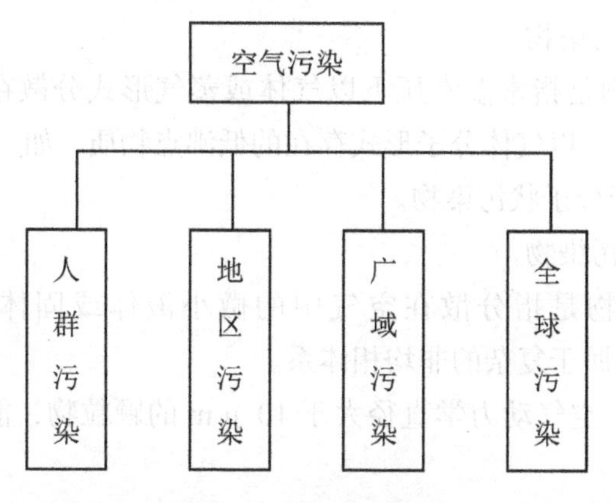

图 3-1 空气污染分类

（二）空气污染物及其分类

引起空气污染的有害物质称为空气污染物。空气污染物的种类有数千种，已经发现有毒害作用且被人们注意和研究的有近百种。

1. 按形成过程分类

按照污染物的形成过程划分，空气污染物可分为一次污染物和二次污染物，如图 3-2 所示。

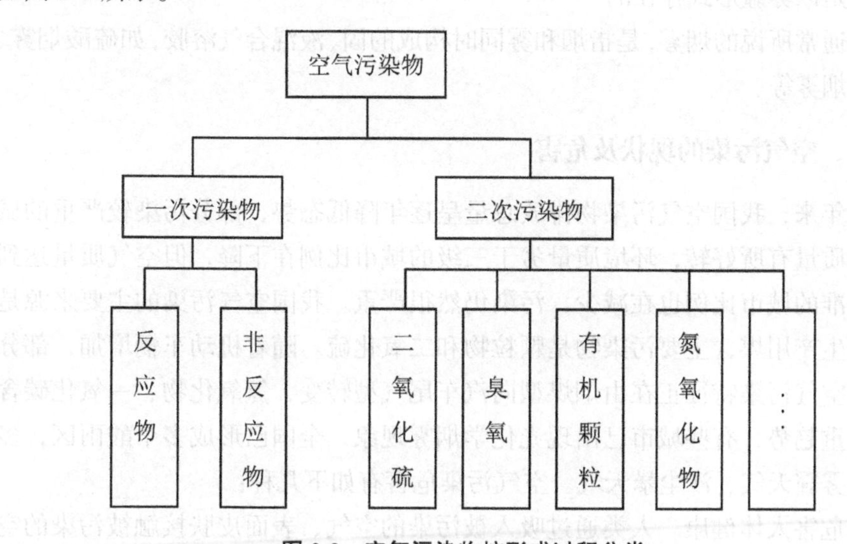

图 3-2 空气污染物按形成过程分类

2. 按存在状态分类

按照污染物的存在状态划分，空气污染物可分为分子状污染物和粒子状污染物。

（1）分子状污染物

分子状污染物是指常温常压下以气体或蒸气形式分散在空气中的污染物质。在常温常压下，以气体分子形式存在的低沸点物质，如空气中的二氧化硫、氮氧化物等都属于分子状污染物。

（2）粒子状污染物

粒子状污染物是指分散在空气中的微小液体或固体颗粒，粒径多在0.01 ～ 100 μm，属于复杂的非均相体系。

①尘或降尘。空气动力学直径大于 10 μm 的颗粒物，能较快地沉降到地面上。

②而空气动力学直径小于 10 μm 的颗粒物则不易沉降到地面上，通常悬浮在空气中，易随呼吸进入人体肺部，称为可吸入颗粒物，以符号 PM10 表示。由于可吸入颗粒物具有胶体性质，又称气溶胶，它可长期飘浮在空气中，也称飘尘。

③细颗粒物。空气动力学直径小于 2.5 μm 的颗粒物，用符号 PM 2.5 表示。它能较长时间悬浮于空气中，对空气质量和能见度等有重要的影响。

④通常说的烟（其粒径在 0.01 ～ 1 μm）、雾（粒径在 10 μm 以下）、灰尘就是以雾霾形式存在的。

⑤通常所说的烟雾，是指烟和雾同时构成的固、液混合气溶胶，如硫酸烟雾、光化学烟雾等。

三、空气污染的现状及危害

近年来，我国空气污染物排放总量呈逐年降低态势，部分污染较严重的城市空气质量有所好转，环境质量劣于三级的城市比例在下降，但空气质量达到二级标准的城市比例也在减少，污染仍然很严重。我国空气污染的主要来源是生活和生产用煤，主要污染物是颗粒物和二氧化硫。随着机动车辆增加，部分城市的空气污染特征正在由烟煤型向汽车尾气型转变，氮氧化物、一氧化碳含量呈加重趋势，有些城市已出现光化学烟雾现象，全国已形成多个酸雨区，多地出现雾霾天气、沙尘暴天气。空气污染危害有如下几种：

①危害人体健康。人类通过吸入被污染的空气、表面皮肤接触被污染的空气和食入被空气污染的食物，可引起呼吸道和肺部等疾病，严重的可致命。

②危害生物。空气污染物可使植物抗病能力下降、枯萎死亡，动物因吸入被污染的空气发病或死亡。

③形成酸性降雨。酸性降雨可导致水质恶化，引起植物枯萎死亡。

④破坏臭氧层，形成臭氧空洞，对人类和动植物的生存环境产生危害。

⑤对全球气候产生影响。煤等的燃烧会产生大量二氧化碳，使空气中二氧化碳的浓度增加，会破坏二氧化碳平衡，引发温室效应，导致全球温度上升，产生热浪、干旱、热带风暴和海平面上升等一系列严重自然灾害。

第二节　无机污染物监测技术

一、紫外 - 可见分光光度法

（一）适用范畴

适用于紫外 - 可见分光光度法（UV）的无机污染物测定项目，如表 3-1 所示。

表 3-1　适用于紫外 - 可见分光光度法的无机污染物测定项目

无机污染物	采样吸收液	测定介质
NO_x	对氨基苯磺酸 - 冰乙酸 - 盐酸萘乙二胺混合水溶液	盐酸萘乙二胺
氨	0.01 mol · L^{-1} 的 H_2SO_4	纳氏试剂 氯酸钠 - 水杨酸
氰化氢	0.05 mol · L^{-1} NaOH 溶液	异烟酸 - 吡唑啉酮
光化学氧化剂和臭氧	pH5.3 ~ pH5.7 的 KI-H_3BO_3 NaS_2O_3-H_3BO_3-KI 溶液	硼酸碘化钾
氟化物	K_2HPO_4 浸渍的滤膜 水或 0.25 mol · L^{-1} HCl 溶液	氟试剂 茜素锆
P_2O_5	用过氯乙烯滤膜采集空气中的 P_2O_5 气溶胶，加水与 P_2O_5 作用生成正磷酸	抗坏血酸还原 - 钼蓝
SO_2	四氯汞钾溶液 甲醛缓冲溶液	盐酸副玫瑰苯胺
硫酸盐氧化速率	二氧化铅 碱片法：K_2CO_3 溶液浸渍的玻璃纤维滤膜	铬酸钡
硫酸雾	过氯乙烯滤膜	二乙胺

续表

无机污染物	采样吸收液	测定介质
H_2S	Cd（OH）$_2$-聚乙烯醇磷酸铵溶液	亚甲蓝
氯	含 KBr、甲基橙的酸性溶液	515 nm
氯化氢	0.05 mol · L^{-1} NaOH 溶液	硫氰酸汞

（二）基本原理

通过测定被测液对紫外 - 可见光的吸收来测定物质成分和含量。计算的理论根据是吸收定律，即朗伯 - 比尔定律：

$$A=KCL$$

其中：A——吸光度，量纲为 1；C——溶液浓度，g · L^{-1}；L——液层厚度，cm；K——吸光系数，L · g^{-1} · cm^{-1}。

在使用适当波长的单色光为入射光的条件下，吸收定律才成立。单色光越纯，吸收定律越准确；稀溶液均遵守吸收定律，浓度过大时，将产生偏离；用于那些彼此不相互作用的多组分溶液时，它们的吸光度具有加合性；比例系数 K 与很多因素有关，包括入射光的波长、温度、溶剂性质及吸收物质的性质等。若具体应用吸收定律的方式不同，则所建立的具体分析方法也不同。

1. 标准曲线法

配制一系列已知浓度的标准溶液，在一定波长的单色光作用下，测得其吸光度，然后以吸光度为纵坐标，以浓度为横坐标作图，得到一条曲线，这条曲线被称为标准曲线。标准曲线会遵守这个定律，因此从坐标图上划出的是一条直线。对于确定的标准曲线也不是一成不变的，由于测定的条件和环境的不断变化，标准曲线也需要进行相应的调整。

2. 标样推算法

标样推算法十分简便快捷，非常适合对单个无机污染物样品进行快速测定，只需要用一种标准溶液的吸光度就可以测算出在相同条件下的待测无机污染物样品溶液的吸光度。

3. 差示光度法

差示光度法就是用一个已知浓度的标准溶液作参照，与未知浓度的待测溶液进行比较，测量其吸光度。具体有三种操作方法：高含量试样吸光度的高吸光度法；测定痕量物质的低吸光度法；介于高吸光和低吸光之间的极限精密法。

（三）紫外 - 可见分光光度法测定条件的选择

①显色剂的用量。这要通过具体的试验来确定其适宜的用量，应注意空白溶液和吸光度范围的选择。

②溶液的酸度。显色反应中的一个重要因素是 pH 值，它能决定反应是否发生，以及反应是否完全。控制适当的溶液酸度，就能测得正确的结果，还会影响电离平衡的移动、显色剂的离解和有色物质的生成。

③显色温度。根据不同的显色反应试验调整反应温度，通过实验记录的吸光度温度曲线选择适宜的温度。

④显色时间。根据不同的实验选择适宜的显色时间。

⑤溶剂的影响。溶剂影响有色络合物的离解度，还可提高显色反应速度及增加有色络合物的溶解度。

⑥共存离子的影响。测试样中含有的共存离子能够增加吸光度，降低显色剂浓度，因此要尽量消除共存离子的干扰。

（四）设备——紫外 - 可见分光光度计

用于监测无机污染物的紫外 - 可见分光光度计，其基本结构主要有以下五个部分。

①光源。测定中使用的光源要能产生足够稳定强度的光束，光源提供的光波长要能够满足测定分析的需要，这样才有利于污染物光度的检出和测量，才能保证在测量过程中光强度恒定不变。最常见的可见光源是钨丝灯、紫外光源是氢灯及氘灯，它们能够发射出连续光谱，可以满足测定需要。

②单色器。单色器是一种将连续光谱按波长的长短顺序分散为单色光并从中获得分析所需的单色光的光学装置。

③吸收池。吸收池是用于盛装试液和决定透光液层厚度的器件，其规格以光程为标志，最大的光程可达 10 cm，最小的光程仅数毫米。

④信号转换器。信号转换器是将光信号转变成易测量的电信号的设备，广泛使用的光电转换器是光电池、光电管和光电倍增管。

⑤信号显示器。信号显示器是将检测器输出的信号放大并显示的装置。常用的信号显示器有以下几种：直读检流计；电位调节指零型装置，调节放大后的电信号以抵消已知的标准信号，从而测得所要监测的信号数值；自动记录型和数字显示型装置。

二、分光光度和流动注射分析技术

在研究一些高灵敏度、高选择性的显色反应时，用于金属离子和非金属离子监测的分光光度法测定仍然受到重视。在常规监测中，分光光度法占有较大的比重。值得注意的是，将这一方法与流动注射技术相结合，可将许多化学操作，如蒸馏、萃取、加各种试剂、定容显色和测定融为一体，是一种实验室自动分析技术，且在水质在线自动监测系统中被广泛应用。分光光度和流动注射分析技术具有取样少、精密度高、分析速度快、节省试剂等优点，可将操作人员从烦琐的体力劳动中解放出来。

第三节　有机污染物监测技术

一、气相色谱法

（一）概述

气相色谱法（GC）对于分离有机物具有优越性，这对环境中混合污染物的监测是非常有效的。该方法利用填充剂与气体分子亲和力的不同来分离混合物。亲和力小的成分首先被分离出来。为了便于分离，填充剂的选择和柱子温度的确定是很重要的，一般的填充柱和毛细管柱都可使用，对于多组分混合物的分离，则使用毛细管柱可以更充分地发挥气相色谱法的优越性，升温方式采用程序升温。

（二）案例——测定环境空气与废气中的乙酸丁酯

乙酸丁酯是一种无色、有果香气味的液体，它能与醇、醚等一般有机溶剂混溶，是涂料工业中一种重要的挥发性溶剂。它广泛用于药物、染料、香料等工业中，生产过程中产生的乙酸乙酯废气，能够污染厂区内外环境，对人的眼睛及上呼吸道均有强烈的刺激作用。

1. 实验原理

用活性炭采样管中活性炭吸附，用二硫化碳作溶剂解吸，再使用带有氢火焰离子化检测器（FID）的气相色谱仪测定分析。

2. 仪器和试剂

①仪器设备。岛津 GC-2014C 气相色谱仪（带有氢火焰离子化检测器）；

氢气发生器；空气发生器；色谱柱（长度 50.0 m、内径 0.32 mm、膜厚 1.00 μm、内填聚二甲基硅氧烷）。

②试剂。二硫化碳中乙酸丁酯溶液标准物质：3.0 mg·mL^{-1}；提纯后二硫化碳。

③耗材。10 mL 容量瓶；2 mL 进样瓶；单标移液管；10 μL 微量进样针；活性炭管。

3. 标准曲线的绘制

（1）系列溶液配制

配制的一系列用于实验的溶液，如表 3-2 所示。

表 3-2 溶液配制表

移取标准溶液		容量瓶 /mL	配制溶液 /（μg·mL^{-1}）	配制成的标准溶液编号
名称	数量 /mL			
乙酸丁酯	2		600	5
标准溶液 5	5		300	4
标准溶液 4	5	10	150	3
标准溶液 4	2		30	2
标准溶液 4	5		15	1

（2）设置仪器操作条件

程序升温条件：以 5 ℃·min^{-1} 的速率，在 4 min 之内将初始温度从 80 ℃升到 105 ℃。

进样口的温度为 180 ℃；仪器设备的温度为 250 ℃；载入高纯氮为载气；以分流比 10∶1 的比率，进样 1 μL。

（3）绘制校准曲线

正确开启仪器、氢气发生器和空气发生器后，点火，稳定 30 min 待基线噪声降低，通过操作仪器软件依次测量标准系列溶液，通过外标法建立含量 - 峰面积的标准曲线，得到一条线性带截距曲线。

4. 检出限的测定

通过仪器软件自动计算该方法噪声为 50 dB；当进样量为 1 μL 时，检出限以两倍基线噪声计算为 0.13 μg；以 3 倍检出限 0.39 μg 作为最低检出量。此方法检出限可满足我们目前常用的标准 HJ734—2014 和 GBZ/T160.63—2007 的要求。

5. 精密度

选取标准曲线范围内高、中、低三个浓度点，重复测试 6 次，计算其相对标准偏差。测得精密度的相对标准偏差在 1.7% ～ 2.6% 范围内，重复性较好。

6. 样品的测定

在某厂废气总排口和厂区内室外空地两个位置用橡皮管将刚开封的活性炭管和采样器连接，采集流量为 0.5 L · min^{-1}，采集 40 min，每点共采集 20 L 废气样品。采集结束立刻用橡胶帽封住活性炭管两端。每个位置采集两个平行样。

将活性炭管中的活性炭全部取出转移至进样瓶中，加入 1.0 mL 提纯后的二硫化碳，混匀后静置 0.5 h。用微量进样针抽取 1 μL 直接打入仪器进样口测定其峰面积。

7. 样品的加标回收率

准备 2 根未开封的活性炭采样管，将其中的活性炭，全部转移至 2 个 2 mL 的进样瓶中。其中一个进样瓶用微量进样针抽取移取 5 μL 3 mg · mL^{-1} 的乙酸丁酯标准物质溶液打入活性炭中，立刻封住瓶口，静置 1 h。在 2 个进样瓶中分别加入 1.0 mL 二硫化碳解吸并不时振摇。30 min 后抽取 1 μL 上述溶液打入气相色谱仪分析。经计算，该法的样品加标回收率为 105%，回收率良好。

8. 实验结果与讨论

因目前国内没有测定环境空气和固定污染源废气中乙酸丁酯的标准方法，故本节参考工作场所标准，验证了一种利用活性炭吸附、二硫化碳溶剂解吸，用气相色谱法定性定量测定乙酸丁酯的方法。实验证明，该方法能得到较好的线性、精密度与回收率。且该方法的检出限能同时满足 HJ734—2014 和 GBZ/T160.63—2007 的要求。不仅如此，带氢火焰离子化检测器的气相色谱仪的成本也远低于气质联用设备，操作简单快捷。同时，样品可多次重复测定，不易因仪器或人为等原因造成测量数据的不准确或样品的损坏。乙酸丁酯作为化工企业中一种常用的有机溶剂，在工业废气排口和环境空气中存有一定的量。本节所述方法，经实验证明能满足对环境空气和固定污染源废气中乙酸丁酯的监测要求。

二、色质谱法

（一）概述

气相色谱质谱联用分析法（GC-MS），简称色质谱法，是把气相色谱仪（GC）

和质谱仪（MS）结合起来进行分析的方法。这种空气监测技术分析范围很广，对有毒化学药品、毒气、废气等都适用。

这种监测技术用气象色谱仪分离装置作为质谱仪的进样系统，用质谱仪的鉴定器进行定量分析，是一种新的有效的分析方法。特别是计算机的联用，使数据处理和解析更加迅速准确，且自动化。

（二）案例——测定环境空气和废气中的三甲胺

三甲胺（TMA），分子式为 $N(CH_3)_3$，是最简单的叔胺类有机化合物，其有毒且易燃。空气中三甲胺常与其他小分子有机胺（如甲胺、二甲胺等）共存，化学性质比较相似，都具有类似氨的气味，但三甲胺的感知阈值为 0.002 4 $mg \cdot m^{-3}$，更易被人体感知，为主要的恶臭污染物。

1. 试验部分

（1）仪器与试剂

①气相色谱 - 质谱联用仪——GCMS-QP2010Ultra；
吹扫捕集仪——CDS7000E+7450，配 40 mL 吹扫瓶；
EM-2008A 型多通道恒流气体采样器。

②三甲胺标准溶液：2000 $mg \cdot L^{-1}$，介质为甲醇。

③三甲胺标准储备溶液：100 $mg \cdot L^{-1}$，移取 1.00 mL 三甲胺标准溶液，用甲醇定容至 20.0 mL。

④三甲胺标准溶液系列：分别移取 0.125 mL、0.50 mL、1.25 mL、2.50 mL、5.00 mL 三甲胺标准储备溶液于 5 mL 棕色容量瓶中，用甲醇稀释至刻度，得到 2.5 $mg \cdot L^{-1}$、10 $mg \cdot L^{-1}$、25 $mg \cdot L^{-1}$、50 $mg \cdot L^{-1}$、100 $mg \cdot L^{-1}$ 的标准溶液系列。

⑤甲醇为农残级；氢氧化钾，盐酸，草酸为分析纯级；试验用水为蒸馏水。

（2）试验方法

①三甲胺采样管的制备。将粒径为 0.173 ～ 0.221 mm 的玻璃微珠浸泡于 10 $g \cdot L^{-1}$ 草酸溶液中 1 h 后取出，真空干燥 2 ～ 3 h。依次按玻璃棉、草酸玻璃微珠、玻璃棉的顺序装填采样管，得到三甲胺采样管，用于采集气体样品。

②气体样品的采集。将采样管与恒流气体采样器连接，以 0.5 $L \cdot min^{-1}$ 的流量采集气体样品 10 L；采集固定污染源废气时，依次连接加热采样管（120 ℃，防止废气中水气遇冷凝结）、三甲胺采样管、恒流气体采样器，以 0.5 $L \cdot min^{-1}$ 的流量采集废气样品 10 L。采集完成后，用硅橡胶塞和密封帽密封三甲胺采样管两端，防止采样管受到污染，试验过程中记录实际采样流量、外界大气压、环境温度、环境湿度。

③三甲胺的测定。将三甲胺采样管内的玻璃微珠转移至 40 mL 吹扫瓶中，加入 3.0 g 氢氧化钾（解吸试剂）和一颗磁搅拌子，盖紧瓶盖，置于吹扫捕集进样盘中，加水 5 mL 解吸出三甲胺气体，按仪器工作条件进行测定。

2. 结果与讨论

（1）采样方式的选择

试验分别考察了用 0.02 mol · L^{-1} 盐酸溶液作吸收剂采样和用三甲胺采样管采样对三甲胺解吸效果的影响。结果显示，在使用 0.02 mol · L^{-1} 盐酸溶液采样时，吸收液中的三甲胺很难被吹扫捕集；但在使用三甲胺采样管采样时，三甲胺解吸稳定，仪器响应值高，重复性好。因此，试验选择三甲胺采样管采集试验样品。

（2）解吸试剂用量的选择

气体样品中的三甲胺会与采样管内玻璃微珠表面附着的草酸反应生成三甲胺盐，附着于玻璃微珠表面，而氢氧化钾溶解于水后，电离出的 OH^- 可以与三甲胺盐反应，解吸出三甲胺。由于三甲胺易溶于水，解吸过程不宜加入过多的水，此时，如果氢氧化钾的用量过多，会产生大量的碱蒸气，不仅会影响吹扫系统管路，还会影响捕集阱的捕集效果；而氢氧化钾用量过少，三甲胺不能完全解吸。因此，试验考察了不同氢氧化钾用量对三甲胺响应值的影响：当加入 3.0 g 氢氧化钾时，三甲胺的响应值达到最大。试验选择氢氧化钾的用量为 3.0 g。

（3）采样流量的选择

用氮气将 10 mg · L^{-1} 三甲胺标准溶液稀释成含有 0.10 μg、1.50 μg、2.00 μg 三甲胺的 10 L 标准气体，然后分别采用 0.5 L · min^{-1}、1.0 L · min^{-1} 流量采集这 3 个不同浓度水平的三甲胺标准气体，分别计算不同流量串联前后采样管中固定的三甲胺的含量，根据串联后流出气中三甲胺的含量与流出气中三甲胺的含量和采样管中固定的三甲胺含量之和的比值计算采样穿透。当采样穿透大于 10.00% 时，认为其发生了采样穿透。

和串联前相比，串联后流出气中三甲胺的质量均发生了一定程度的下降，但 0.5 L · min^{-1} 流量下的下降幅度较大；在采集低浓度水平的三甲胺样品时，两种流量下得到的采样穿透均为 0%，说明以这两种流量采集低浓度水平的样品均没有发生采样穿透；当采集中、高浓度水平的样品时，0.5 L · min^{-1} 下发生的采样穿透均在 5.00% 以下，没有发生采样穿透，而 1.0 L · min^{-1} 下发生的采样穿透较高，尤其在采集高浓度水平的样品时，采样穿透高达 14.90%，采样穿透程度较大。推测可能的原因是在高流量下，三甲胺还未来得及与草酸反应就穿透了采样管。因此，试验选择以 0.5 L · min^{-1} 流量采集三甲胺样品。

（4）吹扫捕集条件的选择

三甲胺由于物理活性很强，极易吸附在捕集阱中，难以解吸，经过试验优化发现，当采用吹扫捕集条件解吸和烘烤样品时，三甲胺可解吸完全，捕集阱内无三甲胺的残留，不会影响下次分析。

解吸试剂氢氧化钾溶于水时，释放的大量热量会导致溶液暴沸，产生的水蒸气不仅影响三甲胺的捕集解吸，还会损害捕集阱及色谱系统。为了降低这种影响，吹扫温度不宜设置太高，经过试验优化，宜将吹扫温度设置为 40 ℃。

试验还考察了不同吹扫时间对三甲胺响应值的影响，当吹扫时间为 11 min 时，三甲胺的响应值达到最大。试验选择吹扫时间为 11 min。

（5）色谱条件的选择

试验发现，当采用色谱条件分离三甲胺时，三甲胺响应值较高，出峰稳定、分离度高、重复性好，且出峰后仪器中没有三甲胺的残留。采用优化的试验条件对 $0.1\ \mu g \cdot m^{-3}$ 三甲胺标准气体（氮气为底气）进行测定。

（6）标准曲线和仪器检出限

将 20 μL 三甲胺标准溶液系列（换算为以质量计分别为 0.05 μg、0.20 μg、0.50 μg、1.00 μg、2.00 μg）注入采样管中，按仪器工作条件测定。以三甲胺的质量为横坐标、其对应的峰面积为纵坐标绘制标准曲线，所得标准曲线的线性范围为 0.05 ～ 2.00 μg，线性回归方程为

$$y = 2.030\,9 \times 10^5 x + 3.992 \times 10^4$$

相关系数为 0.999 8。

以 3 倍信噪比（S/N）计算仪器检出限（3S/N），所得结果为 0.01 μg；当采样体积为 10 L 时，仪器检出限为 $1.0\ \mu g \cdot m^{-3}$。

（7）方法检出限和测定下限

依据 HJ168—2010，按试验方法对以氮气为底气的加标样品（加标量为估计方法检出限值的 2 ～ 5 倍）平行测定 7 次，以 3.143（$t_{6,\ 0.99}$=3.143）倍测定值的标准偏差（s）计算方法检出限（3.143 s），以 4 倍方法检出限计算测定下限。当采样体积为 10 L 时，三甲胺的方法检出限和测定下限分别为 $1.2\ \mu g \cdot m^{-3}$，$4.8\ \mu g \cdot m^{-3}$。

（8）精密度和回收试验

依据 HJ168—2010，以氮气为基体进行低、中、高等 3 个浓度水平的加标回收试验，按试验方法进行测定，每个浓度水平测定 6 次，计算回收率和测定值的相对标准偏差（RSD）。

回收率为 92.0% ～ 112%，相对标准偏差为 9.4% ～ 26%。低加标量（0.1 μg）的相对标准偏差较高，主要因为其在线性范围下限附近，受系统误差影响较大。

（9）样品分析

在某污水处理厂所有设备正常运行的工况下，按试验方法分别对在不同时段（09：00、12：00、15：00）采集的污水处理厂废气及废气处理塔下风向侧的环境空气进行测定。结果显示：环境空气中三甲胺的质量浓度为 3.2 μg · m^{-3}，未超过 GB14554—1993 规定的厂界无组织排放限值范围（0.05 ～ 0.80 mg · m^{-3}）；不同时段废气中的三甲胺的排放量分别为 0.008 kg · h^{-1}、0.006 kg · h^{-1}、0.017 kg · h^{-1}，三甲胺排放量符合 GB14554—1993 的规定（15 m 排气筒高度，其排放量限值为 0.54 kg · h^{-1}）。

和其他方法相比，这种测定环境空气和废气中三甲胺含量的方法具有采样成本低、操作便捷、自动化程度高、分析时间短、分析设备成本低且易维护、可大批量测定、对检验人员要求低、检出限低、准确度和重复性高等特点。

第四节　颗粒物监测技术

一、滤膜捕集 - 重量法

滤膜捕集 - 重量法适用于直径小于 100 μm 的总悬浮颗粒物的测定。这种方法的测定原理：通过具有一定切割特性的采样器，以恒速抽取一定体积的空气，则空气中粒径小于 100 μm 的悬浮颗粒物被截留在已恒重的滤膜上，根据采样前后滤膜重量之差及采样体积，计算其质量浓度。该方法适用于大流量或中流量总悬浮颗粒物采样器进行空气中总悬浮颗粒物的测定。

$$TSP = \frac{W}{Q_n \cdot t}$$

其中：TSP——质量浓度，mg · m^{-3}；

W——阻留在滤膜上的颗粒物重量，mg；

Q_n——标准状态下的采样流量，m^3 · min^{-1}；

t——采样时间，min。

二、压电晶体振荡法

气样经粒子切割器剔除粒径大于 10 μm 的颗粒物，小于 10 μm 的飘尘进入测量气室。测量气室内有由高压放电针、石英谐振器及电极构成的静电采样器，气样中的飘尘因高压电晕放电作用而带上负电荷，继之在带正电的石英谐振器电极表面放电并沉积，除尘后的气样流经参比室内的石英谐振器排出。因参比石英谐振器没有集尘作用，当没有气样进入仪器时，两谐振器固有振荡频率相同（$f_{\mathrm{I}}=f_{\mathrm{II}}$），其差值 $\Delta f=f_{\mathrm{I}}-f_{\mathrm{II}}=0$，无信号送入电子处理系统，数显屏幕上显示零。当有气样进入仪器时，则测量石英谐振器因集尘而质量增加，使其振荡频率（f_{I}）降低，两振荡器频率之差（Δf）经信号处理系统转换成飘尘浓度并在数显屏幕上显示。测量石英谐振器集尘越多，振荡频率（f_{I}）降低也越多，二者具有线性关系，即

$$\Delta f = K \cdot \Delta M$$

其中：K——由石英晶体特性和温度等因素决定的常数；ΔM——测量石英晶体质量增值，即采集的飘尘质量，mg。

设大气中飘尘浓度为 c mg · m^{-3}，采样流量为 Q m^{3} · min^{-1}，采样时间为 t min，故有

$$\Delta M = c \cdot Q \cdot t$$

代入上式得

$$c = \frac{1}{K} \cdot \frac{\Delta f}{Q \cdot t}$$

因实际测量时 Q、t 值均已固定，以 A 表示常数项 $\frac{1}{K \cdot Q \cdot t}$，故可改写为

$$c = A \cdot \Delta f$$

可见，通过测量采样后两石英谐振器频率之差（Δf），即可得知飘尘浓度。当用标准飘尘浓度气样校正仪器后，即可在显示屏幕上直接显示被测气样的飘尘浓度。

为保证测量准确度，应定期清洗石英谐振器，采用程序控制自动清洗的连续自动石英晶体测尘仪。

三、β 射线吸收法

β 射线吸收法的原理：将 β 射线通过特定物质后，其强度衰减程度与所透过的物质质量有关，而与物质的物理、化学性质无关。它是通过测定清洁滤带（未采尘）和尘滤带（已采尘）对 β 射线吸收程度的差异来测定采尘量的。因采集含尘大气的体积是已知的，故可得知大气中含尘浓度。

为了研究飘尘的物理化学性质、形成机理及飘尘粒径对人体健康危害的关

系，需要测定飘尘粒径分布。粒径分布有两种表示方法，一种是不同粒径的数目分布，另一种是不同粒径的重量浓度分布。前者用光散射式粒子计数器测定，后者用根据撞击捕集原理制成的采样器分级捕集不同粒径范围的颗粒物，再用重量法测定。β 射线吸收法所采用的设备较简单，其所用采样器常被称为多级喷射撞击式或安德森采样器。

四、激光光散射技术

激光光散射技术是一种针对多组分颗粒物的监测技术，可对空气中的 PM 10、PM 2.5 和 PM 1 等不同粒径的颗粒物浓度进行同步实时监测。该技术成本低、体积小，比目前市场上常用的群散射激光粉尘仪粒径分割、监测精度更高，比传统的射线法颗粒物监测仪更能实时反映颗粒物浓度瞬间变化。

这种技术的测量原理是由激光器发出激光照射到待测区的颗粒物上并向各方向发生散射，探测组件则是探测来自前向散射光，再将光信号转换为电信号，根据输出电压的大小来判断颗粒物粒径的大小。所接收的前向散射光信号强度和角度与其所照射的颗粒物粒径大小有关。被照射的颗粒物几乎是依次逐一进入待测区，使每个颗粒物的前向散射也几乎被逐一采集并进行光电转换，根据光散射原理，通过朗伯 - 比尔定律反演得到颗粒物浓度。

五、固定污染源废气中颗粒物监测技术

（一）监测技术要点

1. 采样位置

采样位置应优先选择在垂直管段，要避开烟道弯头或断面急剧变化的部位，采样位置应设置在距弯头、阀门、变径管下游方向不小于 6 倍直径，和距上述部件上游方向不小于 3 倍直径处；对于矩形烟道，同时也要考虑现场监测的安全性、可接近性、可操作性，既要保证样品具有足够的代表性，也要保证人员的安全以及操作的方便。

2. 采样点位置和数目

要严格按照标准要求，根据采样断面的形状和尺寸，合理布设采样点位置和数目。采样点的数目应不小于标准规定的相应尺寸对应测点最小数量，以保证所采样品具有较好的代表性和均匀性。

3. 采样时间

依据 GB5468—1991、GB/T16157—1996 进行颗粒物样品的测定时，应保证每个测点的采样时间不少于 3 分钟，且各点采样时间应相等。依据 HJ836—2017 进行颗粒物的测定时，除满足上述要求外，还必须保证每个样品的增重不少于 1mg 或采样体积不小于 $1m^3$，由于采样现场基本保证不了增重要求，实际监测过程中一般是保证采样体积不小于 $1m^3$。

4. 样品数量

GB 5468—1991、GB/T16157—1996 均明确要求采集 3 个样品。HJ836-2017 虽未明确要求采集 3 个样品，但该标准要求采样步骤参见 GB/T16157—1996 中采样步骤的要求，现场采样时的质量保证措施应符合 HJ/T397—2007 中现场采样保证措施的要求。生态环境部“部长信箱”来信选登于 2019 年 3 月 21 日刊登“关于 HJ836 低浓度颗粒物采几个样品问题的回复”中回复“HJ836 属于监测方法标准，规范的是固定污染源废气中低浓度颗粒物的测定方法。实际监测工作中，样品的采集数量、频次等还应符合相应的监测技术规范或有关排放标准的要求。”所以依据 HJ836—2017 进行颗粒物的测定时，仍然要采集 3 个样品。

5. 排气中水分含量的测定

由于上述三个方法标准所指体积和浓度均为标准状态下干废气体积和浓度，所以在固定污染源废气中颗粒物测定时需进行排气中水分含量的测定。

GB5468—1991 中湿度的测定可采用干湿球法或冷凝法进行测定；GB/T16157—1996 中水分含量的测定可采用冷凝法、干湿球法、重量法进行测定；而 HJ836—2017 中水分含量的测定可采用冷凝法、重量法、仪器法进行测定。冷凝法、重量法由于操作复杂，在实际监测工作中，依据 GB5468—1991、GB/T16157—1996 测定时一般可选择干湿球法进行测定；依据 HJ836—2017 测定时建议选择仪器法进行测量，该方法相对干湿球法而言，测定结果准确。

6. 样品称量

依据 GB5468—1991、GB/T16157—1996 测定时，除按标准要求将样品经烘烤后取出放入干燥器中，冷却至室温，用天平称量至恒重外，还应满足 HJ397—2007 的要求，即“在恒温恒湿的天平室冷却至室温”。所以在天平室应配置恒温恒湿装置以保证在样品在采样前后的温湿度条件一致，方可保证称量数据是准确的。

依据 HJ836—2017 测定时，采样前后样品需放入恒温恒湿设备内用天平称重，采样前、后平衡及称量时，应保证环境温度和环境湿度条件一致，建议设置温度为 20 ℃，湿度为 50%。

（二）颗粒物监测主要环节的质控技术

1. 天平的质量控制

应定期使用一次性、沾有防静电溶液的湿巾清洗天平表层，在每次称量前，清洗用于处理标准砝码和样品的防静电镊子，并确保干燥后使用。称量前应检查天平的基准水平，并根据需要进行调节。为确保称量稳定，应尽量保证天平处于长期通电状态，并在称量前 1 h 开机。采样前、后样品称量时，必须使用标准砝码校准天平，校准砝码质量应与样品质量相当。作为质量标准使用的校准砝码表面应无锈蚀。

2. 样品称量的质量控制

在对采样后的样品进行称量前，应对样品进行检查，检查是否存在样品破损或其他异常情况，若存在异常情况则样品无效。采样前、后样品平衡及称量时，应保证环境温度和环境湿度条件一致。使用防静电镊子夹取样品，避免静电对称量造成影响。样品称量时应佩戴无粉末、抗静电的一次性手套进行操作。采样前、后样品称量应使用同一天平，并应避免称量前后人员不同引起的误差。

3. 采样时的质量控制

装好样品后应进行气密性检查。采样时，保证采样嘴与烟气流向之间的偏差不超过 10°，确保等速采样。采样过程中采样嘴的吸气速度与测点处的气流速度应基本相等，相对误差小于 10%。采样管放入或移出烟道时，要避免采样管与烟道或采样口的碰撞而损伤皮托管或采样头。应及时检查干燥器内的硅胶，2/3 变红时要及时更换；更换后要重检气密性。及时倾倒冷却器、采样管（包括软管）内的冷却水，减少系统采样阻力。依据 HJ836—2017 测定时，应在每次测量系列过程中进行一次全程序空白样品的采集，采集时应切断采样管与采样器主机的连接，密封采样管末端接口，防止空气（烟道为负压）或排气（烟道为正压）进入采样系统。避免样品转移及运输过程中出现采样嘴朝下的情况，防止样品增重损失。

颗粒物是废气的主要减排指标之一，全国各地已在燃煤电厂、水泥、钢铁、焦化、陶瓷等重点行业实施超低排放改造，颗粒物的准确测定尤为重要。现场监测人员根据监测需求，选择合适的监测方法，为生态环境保护工作提供精准的数据，以促进提高我国生态环境质量，提高人民生活幸福指数。

第五节 降水监测技术

一、降水监测项目及技术分类

在空气和废气监测中，降水监测也是一项重要的任务，要首先对降水采样点进行布设，采集包括雨水、雪水等不同的降水样品，科学、合理地保存降水样品，保证水样不受污染。

根据降水监测的不同目的确定每次监测的项目、测定的内容和测定的方法，具体如表 3-3 所示。

表 3-3 降水组分的测定

测定项目	测定内容	测定方法
pH 值	酸雨	pH 玻璃电极法
电导率	雨水	电导率仪 电导仪
硫酸根	气溶胶 颗粒物中可溶性硫酸盐 气态硫酸雾	铬酸钡 - 二苯碳酰二肼分光光度法 硫酸钡比浊法 离子色谱法
硝酸根	降水	镉柱还原 - 偶氮染料分光光度法 紫外分光光度法 离子色谱法
氯离子	降水	硫氰酸汞 - 高铁分光光度法 离子色谱法
铵离子	降水	钠氏试剂分光光度法 次氯酸钠 - 水杨酸分光光度法
钾、钠、钙、镁等离子	降水	原子吸收分光光度法 络合滴定法 ……

二、称重式降水监测系统

（一）系统功能需求分析

称重式降水监测系统是一种适合固态、液态和混合态降水总量及降水强度测量的全自动、全天候降水观测系统，其满足以下技术要求。

①传感系统基于单点测压设计理念，可以输出脉冲信号接入现有气象设备，作为智能传感设备挂接在其他采集系统上，还可以作为观测仪单独操作。

②观测站对各要素的采样数据进行规定的算法，得到逐分钟的各气象要素的数据，并能储存至少 1 个月的逐分钟观测数据。

③系统能通过中心站软件以有线或无线方式获取观测站的逐分钟各气象要素的数据，对未及时上传的数据，具有数据补传功能。中心站软件能对台站信息进行配置，支持数据的查询和显示。

④设备可靠性。系统一般要安装于野外独立运行，应能稳定可靠运行，适应野外工作环境。

⑤系统技术设计指标要满足《地面气象观测规范》的要求，称重式降水监测系统最大测量误差：当雨量≤ 10 mm 时，为 ± 0.3 mm；当雨量＞ 10 mm 时，为 ± 3 mm。

⑥测量稳定性：年漂移≤ 0.2 mm。

⑦系统可靠性。根据功能规格需求书的要求，系统的平均故障间隔时间（MTBF）应大于 5000 小时。

（二）总体方案设计

称重式降水监测系统可由称重降水传感器和中心站软件两部分构成。称重降水传感器实现雨量信息的实时获取，处理后的采样数据通过 GPRS 通信方式实时传输至中心站软件。中心站软件对数据进行数据质量控制和入库，生成符合规范的各类存储文件和上传数据文件。

1. 传感器设计

（1）供电系统

称重式降水传感器的供电由太阳能供电系统提供，太阳能供电系统的输出电压是直流 12 V。太阳能供电系统由太阳能电池板、太阳能控制器和蓄电池组成，如图 3-3 所示。

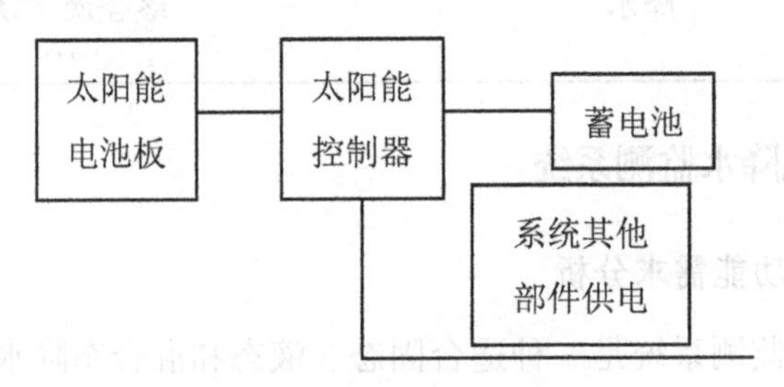

图 3-3 太阳能供电系统

预估称重式降水传感器包含 GPRS 通信模块总功耗为 2.4 W（平均工作电流为 200 mA，工作电压为直流 12 V），则计算胶体蓄电池容量 = 平均工作电

流 × 无日照工作小时 / 余量系数。

为了防止蓄电池过放和过充，蓄电池一般放电余留 20%，充电控制在 90% 上下，因此余量系数通常取 70%，即蓄电池容量为

$$0.2\ \text{A} \times (24\ \text{h} \times 7)/0.7 = 48\ \text{Ah}$$

太阳能电池板将太阳的辐射能力转为电能，供给称重式降水传感器工作，同时一部分电能送往蓄电池储存起来，供给传感器在无日照时工作。

太阳能电池板功率 = 系统平均功耗 × 工作时间 / 损耗系数 / 平均日照时间，其中损耗系数取 0.9，平均日照时间取 4 小时，得到：

$$\text{太阳能电池板功率} = 0.2 \times 12 \times 24/0.9/4 = 16\ \text{W}$$

太阳能控制器具有蓄电池过充电保护以及过放电保护功能，能根据电池特性选择恒流充电或涓流充电，应根据工作模式和工作电流选择市面上的成熟产品。

蓄电池容量需满足在无日照时蓄电池提供的电量满足传感器工作 7 天的需要。蓄电池一般选择铅酸电池或胶体电池。从成本看，铅酸电池较便宜，但从温度特性看，胶体电池可以在零下 30 ℃的环境中工作。称重式降水监测系统对比翻斗式降水监测系统的优势之一就在于它可以测量固态降水，因此其工作环境多在我国北方，优选胶钵电池。

（2）传感器组成

称重式降水传感器的测量原理是通过对质量变化的快速响应来测量降水量。该传感器由硬件和软件组成。其硬件可分成三部分：称重单元、信号处理单元和外围单元。该传感器既能输出开关信号接入现有的自动气象站中用来模拟或替换翻斗式雨量传感器，也可以直接作为智能传感器将采集的数据上传到指定的中心站软件。

（3）硬件电路设计

①硬件电路结构。硬件电路基于 STM32F411 平台实现数据采集、数据处理、通信监测、状态控制、数据输出等功能。

②信号放大及 AD 检测电路。要选用电源电压范围宽、高增益、对误差要求很高的信号放大电路，要能够应用于低电平信号检测。

③温度检测电路。需要对应变元件的温度进行检测，并利用温度值对质量测量值进行补偿。温度检测选用 NTC 热敏电阻，即负温度系数热敏电阻，随着温度的变化，电阻的阻值也相应地发生变化，具有灵敏度高、体积小以及电阻值大等良好性能。

④主控制器。由于传感器应用于野外，使用太阳能供电，因此要求主控制

器低成本、低功耗以及高性能。

⑤电动阀控制电路。从免维护角度考虑，设计了电动阀自动排水功能。当检测到质量超过阈值后，控制系统启动电动阀排水。

⑥系统电源设计。

（4）软件设计

软件基于实时多任务操作系统设计，要具有良好的实时性、高性价比、高稳定性和高可靠性的特点。软件可实现以下功能：实现数据的采集、处理、存储和传输；远程可进行采集器复位、参数设置和修改、数据监控和下载等功能；存储参数、配置、数据及日志等文件。

整个软件结构采用应用层、硬件操作层和设备驱动层多层结构设计，将所要实现的功能分解到各个层上。根据功能要求，将应用层划分为六个功能模块：系统管理模块、数据采集模块、数据处理模块、数据存储模块、通信模块、配置管理模块。

2. 中心站设计

中心站由 GPRS 通信系统和中心站上位机两部分组成。

GPRS 通信系统数据端由单片机控制；系统设计中的网络协议为四个层面，即物理层、数据链路层、网络层和传输层；GPRS 通信模块，对环境恶劣的各种场合监控都具有优越性能。

中心站上位机包括三部分，分别是通信桥接器、消息中间件、核心处理模块。核心处理模块是中心站软件的中枢。它负责数据请求的形成、传输，满足实际的数据需求，实现信息资源共享。因其采集数据的重要功能，通常多样化的数据采集可同时生成多种信息。通信桥接器因其可靠、抗毁性等特质，可实现连接软硬件设备与核心处理模块，最终方便数据交换。当接收到各地核心处理模块发出的数据请求时，通信桥接器会快速并准确地传输至各端口，通过进一步数据反馈，及时将数据传输到各地的核心处理模块。目前通信方式存在多样化特点，故对通信桥接器的选用仍需要注意甄别。核心处理模块与通信桥接器之间的数据交换仍需借助消息中间件方可实现，而无法直接对接。

①软件架构。软件架构涵盖数据采集和应用两个部分。数据采集部分的可维护共享信息，通过分析亦可输出整个软件中各类可共享的数据，目前广泛采集的数据涵盖了观测、设备状态、动态监控及各地台站资料等。通常，采集到的多种数据可通过数据应用部分实现展示，亦可实现二次应用。

②数据采集。完整的数据采集过程可以概括为：数据采集、数据处理、生

成数据文件。首先，生成数据采集请求，以批次的方式发送请求，同时超时控制；其次，接收返回的数据并验证其有效性，同时将返回数据合成为观测数据，形成观测数据的成品；最后，根据观测数据的成品，统计数据的到报率（有效率），并进行数据值的缺测检查、QC质量控制，进行要素数据极值统计，生成数据文件并本地备份。

③大数据分析。中心站上位机能获取到一个地理区域的所有降水信息，而根据空间一致性，降水自然分布具有连续性、均匀性，将某一称重式降水传感器的雨量数据与周围临近的传感器雨量数据进行比较分析，从而判断此传感器是否正常。利用大数据进行雨量的水平空间一致性分析，是非常有效的质量控制、异常监测的有效方法。

④系统监控。监控的目的是发现问题，数据采集部分的任务是生成监控信息，数据应用部分的任务则是展示监控信息。考虑到发生问题的可能性，需要对通信、链路、数据到报率、设备运行周边环境、软件运行等状态实行监控。相应的实现方式有声光电报警、短信提醒、地理信息系统（GIS）展示等。

⑤基于地理信息系统的应用开发。用户对数据产品有较多需求，如产品的下载、产品的显示等，而这些都可以通过地理信息系统来实现。数据应用部分主要负责数据产品的生成，软件可以通过事先制订的生成计划，将数据产品定时生成。

（三）系统测试与集成

1. 温度校准

由于应变元件温度特性的离散性较大，可通过对应变元件单独进行标定，从而得到相应的温度补偿曲线。将称重单元置于高低温箱内，调节高低温箱的温度从 -40 ℃～ 50 ℃，用1只Pt100铂电阻作为标准温度，记录NTC传感器温度和传感器质量。由实验获得的传感器温度和质量的关系，代入拟合系数，比较修正后的质量与原始质量，得出拟合效果。测试的数据比较稳定，波动较小。

2. 传感器精度测试

参照《自动气象站翻斗式雨量传感器检定规程》[JJG（气象）005—2015]对称重式降水传感器进行精度测试，使用标准加液器，选择10 mm雨量、1 mm/min雨强和30 mm雨量、4 mm/min雨强两个检定点进行测量误差检定，得出测试结果。

3. 上位机测试

数据采集和浏览是上位机的基本功能，通过多套称重式降水传感器的接入进行测试，测试结果要满足技术要求；还要进行上位机运行状态监控，当多个称重式降水传感器接入中心站上位机时，用户关心这些传感器是否在线、通信是否正常，因此中心站上位机应具备运行状态监控功能。利用模拟软件为中心站上位机配置台站，实测软件的在线状态监控功能是否正常；当实际应用多套传感器时，用户更希望能在中心站上位机中直观显示出这些传感器的安装点，当在上位机中重新配置传感器的经纬度时，其显示的站址也随之发生变化，实测基于地理信息的应用功能是否满足技术要求。

4. 系统集成测试

①通信测试。为了验证系统的通信功能，应安装多个站点，且大多数分布于野外。实际运行过程中，数据到报率很高，远离基站、信号差的站点，可能数据到报不及时，其他台站的分钟雨量到报率均为100%。

②人工称重对比测试。将3套称重式降水传感器运行于室外，同时用1只雨量筒进行真实降水收集，随后将雨量筒内的水导出进行人工称重，记录两次降水过程的数据。

第四章 土壤和固体废物监测技术

土壤是人们生存环境中最重要的自然资源之一，与人们的生产生活息息相关。但随着我国经济的快速发展，土壤环境污染的问题越来越突出，要解决土壤污染的问题，土壤和固体废弃物监测已成为重要的手段之一。本章分为土壤及土壤环境质量、土壤质量监测技术、固体废物监测技术三个部分，主要包括我国土壤环境概述、我国土壤环境质量现状及工作思路，我国土壤环境质量监测存在的问题及对策，土壤有机物、无机污染物和无机元素监测技术，固体废物的种类和特点等内容。

第一节 土壤及土壤环境质量

一、我国土壤环境概述

我国属于人口大国，由于人口众多，人们的需求量也变得巨大，同时，对环境的保护不够自觉，意识不强，使周围的环境污染越来越严重。人口的众多，促使污染环境的途径也变得很多，这就使得在管理方面很难控制。再者，我国还是一个农业大国，加之人口众多，想要发展就更需要农作物的支撑。而土壤的污染也会使农作物受到影响，这就使得土壤环境的质量直接影响我国的经济发展。如果在污染重点区，如工业密集地、化工企业、煤矿区等地区进行耕作，那么，这些地区所产生的“三废”就会导致农作物受到污染并减产，同时也会直接影响人们的健康。

二、我国土壤环境质量现状及工作思路

（一）现状

1. 当前我国土壤污染严重

随着环境科学与土木工程领域的发展，场地和土壤污染勘察评价与修复成为业内人士讨论的热点话题。但是我国针对土壤修复方面的理论和技术支持却十分有限。根据相关部门的调查与研究，我国的土壤污染问题已经十分严重，并且在社会与经济发展速度逐渐加快的背景下，我国的土壤污染范围呈现出继续扩大的趋势。只有对土壤环境监测技术规范进行客观的了解，保证土壤环境质量评价工作的有效进行，才能够提高我国土壤污染修复治理的工作效率，确保环境保护工作的顺利推进。

土壤不仅与我国的经济发展水平有着十分紧密的联系，还与人们的身体健康息息相关。只有对土壤环境进行有力的保护，才能够提升我国的生态文明建设水平，保障国家生态安全。与发达国家相比，我国污染场地和土壤修复行业的起步发展，但是发展速度十分惊人。与之相关的法律法规、方针政策、管理机制以及技术规范也相继形成，但是土壤修复理论和修复技术却存在着一定的滞后性。根据相关部门的权威调查，我国超过 8% 的耕地面积已经受到污染，被污染的农田面积已经超过 1 500 万公顷（1 公顷 =10 000 m^2）。另外，由工业企业搬迁而产生的污染场地也多达 200 万块，因矿山开采而受到污染的土地面积已经超过 150 多万公顷。面对如此严峻的土壤污染情况，我国必须要充分意识到土壤环境保护的重要性，并采取相应的措施促进污染产地和土壤修复行业的发展。

2. 土壤环境质量评价工作中的常见问题

由于各种污染物的侵蚀，土壤的性质以及成分产生变化的土壤，被称为污染土。这种污染土的存在，无论是对人类的身体健康，还是对周围生态环境的平衡维系都产生了严重的影响。为了提高土壤环境质量评价工作的规范性，我国相关环保部门还出台了多项技术规范，制定了相应的技术标准。虽然环保部门将多种学科优势都融入技术标准中，但是与之相关的法律法规依然有很多地方需要完善。

虽然环保部门也出台了《土壤环境监测技术规范》（HJ/T 166—2004），但是实际的土壤环境质量评价工作依然存在着很多问题。

首先，除了人为因素之外，自然异常也会使土壤中某种物质含量超标，引

起土壤污染问题。但是《土壤环境监测技术规范》（HJ/T 166—2004）中却并没有涉及这一因素的土壤污染评价。

其次，受到不同污染物侵蚀而造成的土壤污染程度不同，其相应的土壤污染等级也不同。HJ/T166—2004 规范中虽然明确了土壤污染等级，但是却没有明确土壤污染等级划分依据。HI/T166—2004 规范中明确提出，可以使用以下三种方法对污染土进行环境质量评价：第一，单项污染指数法；第二，污染超标率；第三，内梅罗指数。但是单纯使用一种方法，很难对污染土进行全面、精准的分析，而且污染物的种类不同，对于土壤所造成的影响也不同。如果单纯以土壤中致污物质的含量为基础划分土壤污染程度，那么其划分结果也必然存在不科学、不准确的地方。

（二）我国土壤环境质量评价的工作思路

1. 做好土壤环境质量评价的内容分析

土壤环境质量评价内容主要包含两方面的内容：第一，根据环境质量的相关要求进行土壤污染评价；第二，根据环境质量的相关要求进行土壤污染评价。针对土壤污染的评价内容主要涉及以下几方面：土壤是否受到污染；土壤中存在的致污物质的实际含量是否与标准不符；土壤的污染程度。

2. 做好土壤污染程度的判定及评价

土壤污染程度的评判内容是，已经对土壤造成污染的致污物质对土壤组成的影响、对土壤结构的影响以及对土壤性质的影响。所以要想科学划分土壤污染程度等级，还需要根据土壤污染程度进行以下指数的评价：第一，土壤强度；第二，土壤变形；第三，土壤渗透；第四，土壤腐蚀；第五，土壤吸附；第六，土壤酸碱度。如果是耕地土壤，就对土壤中存在的化学成分进行评价。如果是建设用地，就要对土壤的力学性质进行评价，如土壤土体强度、土壤变形状况等。

在人们知识修养不断提升的同时，人们的环保意识也在逐渐觉醒。由于过去不合理的经济发展使得大面积的土壤受到了污染，加强土壤环境监测技术规范的研究，采取相关措施解决土壤环境质量评价中的问题，促进我国土壤污染治理与修复行业的发展已经是迫在眉睫的事情。而在实际的土壤环境质量评价工作中，需要先判定该土壤是否受到致污物质的污染，然后再结合土壤污染程度进行针对性评价。如果土壤受到污染，还需要根据实际情况制订相应的土壤治理方案。

三、我国土壤环境质量监测存在的问题及对策

（一）存在的问题

1. 土壤环境监测管理不强

我国严重缺乏基层环保机构，导致一些较小的城市没有能力建立对土壤环境进行监测的相关部门，城市是如此，那乡镇更是如此。与此同时，在一些环保部门土壤环境质量监测设备过于落后，再加上土壤质量监测相关工作人员的专业知识不够扎实，更加使得监测的水平偏低，这些因素都是造成我国土壤环境监管力度不足的原因。

对于土壤环境质量监测来说，它与空气监测和水源监测不同，在管理上具有很大的难度，这就导致土壤环境质量监测环境更需要大量的人力、物力、财力的支持。然而，由于目前我国在土壤环境质量监测管理方面的资金投入很少且有限制，这也就导致土壤环境质量监测管理在引进新技术方面存在很大阻力。

由于在土壤环境质量监测管理方面的人力和物力的投入不足，严重缺乏专业人员，因而阻碍了土壤环境保护方法的研发，无论是在土壤环境保护方面还是在土壤环境监管方面都得不到有效的指导。

2. 缺乏法律的保护

由于我国没有制定土壤污染防治方面的相关法律，这就造成环境污染的泛滥与难管，我国没有针对土壤环境质量监测管理的法律，缺乏对环境污染系统性和集中性的法律制约，从而加大了有关部门在环境污染治理上的管理难度。

3. 人们在环境保护方面的素质不高

在我国，污染的重点区就是工业比较发达的地区。有些污染企业的老板为了让自己的利益变得最大化，就违背相关规定进行重污染物质的排放；更有甚者，为了自身的利益，偷排污染物，在很大程度上污染了周围的农作物，严重影响了人们的健康。针对这样的偷排事件，如果通过集中排放的方式大量排放污染物，那么就会对环境造成重大污染，不仅会对人民群众的生命造成巨大威胁，同时也会对土壤环境造成严重的污染。因此，应通过各种渠道进行宣传，如通过广告宣传、电视宣传、学校宣传等宣传手段来增强人们对环境保护的意识，提高人们的整体素质。对于缺乏环境保护意识的污染企业及个人，国家要给予严重的处罚。

（二）做好我国土壤环境质量监测的对策

在环境管理工作中，环境监测是一个非常重要的手段，环境监测最主要的问题就是制定出满足环境管理所需要的既科学先进又切实可行的办法。因此，在国家的领导下，我国在全国范围内进行了土壤污染状况调查，这不仅促进了全民对土壤环境质量的重视，对我国土壤环境监测和污染治理也具有推动作用。

1. 土壤监测制度的优化

①通过建立国家级的环境监测网，重点建设我国土壤环境监测管理的相关制度。随着社会的发展和信息化的普及，在土壤环境质量监测管理方面可采用信息化的技术，通过信息化的设备来及时掌握土壤环境的质量，对土壤环境可以有效地进行管理。同时通过定期对土壤进行环境质量监测来对土壤环境的现状和发展进行及时的掌控，以便更好地预防土壤污染，提高人们的生活质量。

②在土壤环境质量监测管理方面，国家要加大资金的支持力度，这是有效提高监测质量的基础。对于土壤环境质量监测管理工作，国家应设立土壤环境质量监测专项资金，并列入国家财政预算，这将有助于土壤环境质量监测技术的提高。

③努力提高环境质量监测水平，加强各级部门的监测质量，针对污染较重地区要建立监测站，并要加强投入土壤环境质量监测设备。

④在各地区，要建立相关的环境保护机构，并配备专业的人员，使土壤环境质量监测管理工作得到具体的落实。

2. 完善土壤环境质量监测技术

要做好土壤环境质量的监测工作就必须联合国土资源、农业部门、卫生机构等共同做好对土壤污染的监测、环境调查、治理工作，并加大整治工作的力度。要完善土壤环境质量监测技术，引进先进的设备，强化各种技术手段，实现科学合理的监测操作。同时要不断提升组织机构以及操作人员的综合素质能力，保证污染监测结果的精准有效，对土壤的实际情况做好定期监测，并且要利用现有设备对土壤污染的趋势进行分析，对即将发生的土壤污染恶化情况做出正确的预警。

3. 对土壤环境保护的法律进行完善

为了使土壤环境质量监测管理工作能够顺利进行，要加快制定土壤环境保护和污染防治相关法律法规，并加大环境保护的宣传力度，促进相关法律法规尽快颁布实施。

4. 提高人们的环境保护意识

通过互联网或者其他途径，加大对环境保护的宣传，全面提高人们的环境保护意识，减少环境污染，为人们的生活创造一个健康的环境。土壤是人类赖以生存的家园，环境的保护需要人民群众集体共同完成。土壤环境质量监测管理对环境保护和污染防治都有重要作用，虽然现如今我国在环境质量监测管理方面取得了一定的进步，但同时也存在一些不足。基于此，我们应引进先进的监测技术，提升环境质量监测管理的综合能力，努力为我国土壤环境保护保驾护航。

第二节　土壤质量监测技术

一、土壤有机物监测技术

（一）有机物监测技术

有机物监测技术能够测定土壤中的有机氯农药、邻苯二甲酸酯类、多环芳烃类等有机物，土壤样品经处理后采用加速溶剂萃取提取，凝胶渗透净化仪净化，气相色谱/质谱法对样品中有机氯农药进行分析，采用保留时间定性分析，特征选择离子的峰面积进行定量分析。

这种技术所使用的试剂与材料分别如下：农残级二氯甲烷、正己烷、丙酮，分析纯级无水硫酸钠、硅藻土，脱水小柱、样品瓶。所使用的标准物质是采用国家环境标准物质研究中心提供的有机氯农药标准物质或国外同类标准物质。

土壤质量测定要先对样品进行采集和保存，并进行预处理；测定分析中要对仪器条件进行分析（色谱条件和质谱条件），然后对样品进行萃取和净化，采用外标法进行定量分析得到标准曲线；在对土壤样品的质量保证和质量控制进行分析的过程中，要进行空白分析和平行样分析，做加标回收率测定，按照分析步骤计算出检出限；最后进行数据处理并计算出这些有机物的峰面积，从而进行定量分析。

（二）石油类监测技术

石油类监测技术适用于对土壤中的石油类有机物进行测定，对于受石油污染的土壤，可以用氯仿提取，挥发去氯仿，于 60 ℃恒重后得到氯仿提取物，这样能反映有机污染状况，也可用非分散红外光度法测定吸光度，但是对于含有甲基、亚甲基的有机物测定会产生一定程度的干扰，同时对动物、植物性油脂等的测定也会产生干扰，这时就需要对此类情况进行另外的说明并用预分离方法去除这些干扰物。当萃取液中石油类正构烷烃、异构烷烃和芳香烃的比例含量与标准油差别较大时，需采用红外分光光度法测定。这种方法中所需要的仪器和设备包括干燥器、恒温箱、分析天平、分液漏斗、红外分光光度计、恒温水浴锅、非分散红外测油仪等。所使用的试剂包括氯仿、硅酸镁、氢氧化钾-乙醇液、四氯化碳、石油醚、标准吸取油贮备液、无水硫酸钠和标准油品等。

在进行分析测定时，首先要提取氯仿提取物和非皂化物，然后利用重量法测定非皂化物总量，用红外分光光度法、非分散红外测油法测定样品并绘制标准曲线（试液制备、吸附净化），从而测定土壤中石油类物质的含量。

（三）挥发性物质监测技术

挥发性物质监测适用于对土壤中挥发性有机化合物如四氯化碳、甲苯、二氯甲烷等的分析测定，常用的方法有吹扫捕集-气相色谱-质谱法、顶空-气相色谱-质谱法等。

二、土壤无机污染物监测技术

（一）土壤无机污染物生物有效性的测定方法

土壤无机污染物的生物有效性可以用两类互补的方法进行测定。

1. 生物学方法

测定土壤污染物的生物学效应，根据所关心的受体，选择人、高等动物、植物、土壤动物和微生物等进行生物测试，可以在分子、细胞、代谢（酶活性或生物指示物）、个体（富集、生长、繁殖率、死亡率等）、种群（密度、多样性）和群落（物种组成）水平方面进行测定。

2. 化学方法

模拟土壤污染物的环境有效性，包括：①土壤溶液浓度；②基于水、中性盐、稀酸或络合剂的化学提取态；③基于扩散和交换吸附的固相萃取等。

（二）土壤无机污染物生物有效性的化学提取测定方法

目前，常用的化学提取方法有很多，如水提取、中性盐提取（0.01 mol·L^{-1} $CaCl_2$，0.1 mol·L^{-1} $NaNO_3$ 等）、稀酸（稀 HCl 等）、络合剂（DTPA、EDTA 等）。不同提取方法的原理不同，对不同元素的提取率也不同。

选取不同的测定方法，要遵循如下原则：①提取方法基于物理、化学或生理学原理；②方法的适用范围（如土壤类型、生物或污染物性质等）明确；

③方法成熟，操作步骤明确，经过实验室间的比对研究，具有标准参考物质；④经过大量试验数据验证表明该提取方法与生物学方法有较好的相关性；⑤被政府机构采纳，并具有相关土壤标准；⑥分析步骤简便，易于推广。

（三）土壤重金属活性态监测方法

1. 土壤重金属活性态化学提取法

土壤重金属的毒性大小取决于其金属离子在土壤中活性态浓度的高低，解释和预测有效态 Cd 浓度是土壤 Cd 污染调控的关键。重金属调控过程中活性态的表征方法较多，常见的有化学提取法，如一步化学提取法和多步化学提取法。不同的化学提取剂提取效率不同，很难判断土壤中的重金属真实状态。多步化学提取法将不同形态的 Cd 分别采取不同的提取程序进行分步提取，此方法虽然可精准测量出不同形态的 Cd 含量，但是也存在着分析过程中元素的再分配和再吸收等严重的缺陷。化学提取法需要破坏性采样，对土壤扰动大。

梯度扩散薄膜技术（DGT）是一种原位监测技术，与其他传统提取及分析技术相比，梯度扩散薄膜技术能够对土壤进行原位监测，在不扰动土壤环境的情况下，连续测定土壤重金属活性态变化。梯度扩散薄膜技术监测的重金属含量不仅包括水溶性重金属，还考虑了重金属在土壤体系中的运移过程及固液吸附—解离、有机结合态吸附—解离动态补充过程，因此梯度扩散薄膜技术是表征重金属有效态的重要工具之一，为研究土壤重金属有效性提供了高效而又可靠的方法。

2. 土壤重金属有效态化学提取法

土壤重金属有效态化学提取法适用于对土壤重金属镉、铬、铜、汞、镍、铅、锌等有效态的提取和分析，提取剂采用 $NaNO_3$ 溶液。除 Hg 外，提取液中其他重金属的浓度可用原子吸收分光光度法进行测定，重金属的浓度低于原子吸收分光光度计检出限时，可用原子吸收石墨炉法测定。Hg 浓度可用原子荧光分光光度法测定。

土壤重金属有效态化学提取法所用的试剂和仪器主要包括氢氧化钠、二次去离子水、石墨炉原子吸收分光光度计、分析天平、离心机、塑料注射器、聚乙烯试剂瓶等。

三、土壤无机元素监测技术

（一）电感耦合等离子体原子发射光谱法

电感耦合等离子体原子发射光谱法适用于测定土壤中镁、钙、铬、钛、铝、铁等无机元素，从而校正土壤中的这些元素对痕量元素的干扰。

这种方法采用盐酸 - 硝酸 - 氢氟酸 - 高氯酸全分解的方法或硝酸 - 氢氟酸 - 过氧化氢微波消解法，使试样中的待测元素全部进入试液中。然后，将土壤、沉积物消解液经等离子发射光谱仪进样器中的雾化器雾化并由氩载气带入等离子体火炬中，分析物在等离子体火炬中挥发、原子化、激发并辐射出特征谱线。不同元素的原子在激发或电离时可发射出特征光谱，特征光谱的强弱与样品中原子浓度有关，与标准溶液进行比对，即可定量测定样品中各元素的含量。

（二）电感耦合等离子体质谱法

电感耦合等离子体质谱法适用于测定土壤中镉、铅、铜、锌、铁、锰、镍、钼和铬等无机元素。土壤样品经消解后，加入内标溶液，样品溶液经进样装置被引入电感耦合等离子体中，根据各元素及其内标的质荷比（m/e）测定各元素的离子计数值，由各元素的离子计数值与其内标的离子计数值的比值，求出元素的浓度。

（三）原子荧光法

原子荧光法适用于测定土壤及沉积物中的汞、砷、硒、锑、铋元素。试样用王水分解，硼氢化钾还原，生成原子态的汞，经氩气导入原子化器，用原子荧光光度计进行测定。测定中用到的分析纯极的试剂有盐酸、硝酸、磷酸、硼氢化钾等，用到的仪器有原子荧光光度计，汞、砷、硒、锑、铋高强度空心阴极灯。

（四）X 射线荧光光谱法

X 射线荧光光谱法采用粉末压片 - 波长色散 X 射线荧光光谱法测定土壤和沉积物中 32 种无机元素，如砷、钡、氯、铬、铜、铅、硫、铝、铁、钾、钠、钙、镁等。土壤或沉积物样品经过衬垫压片或铝环（塑料环）压片后，试样中的原子受到适当的高能辐射激发后，放射出该原子所具有的特征 X 射线，其强度大小与试样中的该元素浓度成正比。X 射线荧光光谱法通过测量特征 X 射线的强度来定量试样中各元素的含量。

（五）催化热解 - 原子吸收法

催化热解 - 原子吸收法适用于测定土壤中的汞元素，样品在高温催化剂的条件下，各形态汞被还原为单质汞，随载气进入混合器被金汞齐选择性吸附，其他分解产物随载气排出，混合器快速加温，将金汞齐吸附的汞解吸，形成汞蒸气，汞蒸气随载气进入原子吸收光谱仪，在 253.7 nm 下测定其吸光率，吸光率与汞含量呈函数关系。

第三节 固体废物监测技术

一、固体废物的种类和特点

在定义上，我们将在生产生活或者其他活动中制造出来的已经失去了原有使用价值，或者虽然还有一定的使用价值但是已经被丢弃了的那些固态、半固态和放置在容器里面的气态物质以及法律法规当中纳入固体废物范畴的物质称为固体废物。这个定义其实非常宽泛，所包含的种类也十分复杂。对于这些个固体废物，我国施行的处理原则是将其资源化、减少化和无害化，希望能够减少它们的害处，将它们变废为宝，实现对它们的二次或者多次利用，充分利用可用资源。

固体废物还可以细分为一般固体废物、危险废物和生活垃圾三大种类，这里面危险废物是最需要我们警惕的也是容易给环境还有人类造成巨大危害的固体废物，因此我们需要加强对这类固体废物的管理工作。

有别于其他种类的废弃物，工业固体废物有着明显的时间和空间特征，有人说垃圾是放错位置的资源，将这句概括运用到固体废物上面加以调整，就是“固体废物是在错误时间放错位置的资源”。为什么说它具有时间特征，是因为对于当前的科学技术和经济条件来说，有些固体废物无法被加以循环利用，但是相信随着时代与科学的进步，假以时日，这些今天的废物会变成明日的资源。而之所以说其具有空间特征是因为固体废物只是在某一方面失去了使用价值，但是其在别的方面依然存在使用价值。

固体废物主要通过水、空气和土壤这些介质来对环境造成影响，固体废物之中的污染成分对环境的影响是比较缓慢的，可能需要很多年才会产生明显的影响被人类所发现。有些固体废物是很可贵的二次资源，它最好的处理方式就是资源化，转化为原材料或者产品。废水废气之中的污染物经过不同的处理工序，有时候也能转化成固态物，这也是当前固体废物数量较多的原因之一。

我国在固体废物监测技术方面的发展历史，最早可以追溯到 1979 年，当时国务院环境保护领导小组办公室想要出台一套有关环境监测的标准分析方法，所以它联合中科院环化所、北京市环保所、辽宁省环保所、北京市环境监测站等几个单位一起，共同编制了一本有关环境监测标准分析方法的蓝皮书；同年，《工业企业设计卫生标准》开始在全国范围内被大力施行，随后在1982年，一套适用于我国的《工业废渣监测检验方法》被研制了出来，该项工作由国家建委和卫计委牵头，带领中国科技大学等几个单位一起通力合作完成；此后，一份名为《工业固体废物有害性鉴别方法》的研究报告在业内引起了不小的波澜；1989—1991年，环境保护部门专门针对固体废物采样及监测方法的研究进行了特别立项，并且委派中国环境监测总站来全权负责该项研究工作的执行。到目前为止，我国已经形成了一套较为成熟的固体废物环境管理和监测体系，对于固体污染物的采样和制样、浸出毒性的方法、有机和无机污染物的监测方法都有了具体的规范，固体废物监测技术臻于成熟。

二、固体废物监测方法

当前我国已经掌握了一套比较完整的固体废物的监测及管理的标准体系，如《危险废物鉴别技术规范》（HJ 298—2019）等，其中涵盖了采样、制样到分析监测等几大步骤。我国当前使用的监测设备也趋于机械化和自动化，摆脱了传统的手工化，使得监测结果更具准确性和时效性。用于分析的仪器也紧跟国际科技前沿，以原子吸收分光光度计、原子荧光光谱仪、离子色谱仪、电感耦合等离子体质谱仪、气相色谱-质谱联用仪等为主。

要把处理固体废物的重要场所作为自动监测的主导地点，然后对其他一些重点污染源所排放出来的固体废物进行人工采样，在实验室进行专业设备层面的分析和处理，逐步构建出一套完整的固体废物监测分析技术体系，为我国全面执行有关固体废物处理和利用的法律法规提供强有力的保障和支撑。

（一）有害物质的监测方法

1. 加热烘干称量法

加热烘干称量法适用于测定固体废物中的水分，也是固体废物监测中的一个重要项目。将固体废物样品放入恒温鼓风干燥箱，先进行烘干再进行冷却，保证平衡稳定的加热温度，保证测定结果的准确。

2. 玻璃电极电位法

玻璃电极电位法适用于测定固体废物中的pH值，从而能够反映其腐蚀性的大小。所需要的仪器和试剂主要有酸度计及配套的电极、缓冲溶液、水平振荡器和蒸馏水等，可以将电极直接插入污泥中进行测定，也可以对样品经离心或过滤后再测定，对于粉状、颗粒状或块状的试样要加入蒸馏水放在振荡器中振荡后再测定。

3. 冷原子吸收分光光度法

冷原子吸收分光光度法适用于测定固体废物中的总汞含量，这是对汞元素最有效的测定方法，该方法用很少的固体废物样品，通过简单快捷的操作方法，就可以进行测定。将经特定溶液处理后的样品置于测汞仪的反应瓶中，经氯化亚锡溶液将二价汞还原为单质汞，用载气或振荡使之挥发，并把挥发的汞蒸气带入测汞仪的吸收池中，测定吸光度。

4. 二苯碳酰二肼分光光度法

二苯碳酰二肼分光光度法适用于测定固体废物中的铬含量，固体废物试样经过硫酸、磷酸消化，铬化合物变成可溶性，再经过离心或过滤分离后，用高锰酸钾将三价铬氧化成六价铬，然后在酸性条件下与二苯碳酰二肼反应生成紫红色配合物，其色度与试液中铬的浓度成正比，在 540 nm 处测其吸光度，利用标准曲线法即可求得铬的含量。

5. 异烟酸 - 吡唑啉酮分光光度法

异烟酸 - 吡唑啉酮分光光度法用于测定氰化物的含量，在 pH 为 6.8 ～ 7.5 近中性的混合磷酸盐缓冲液条件下，氰化物被氯胺 T 氧化成氯化氰，氯化氰与异烟酸作用，并经水解后生成戊烯二醛，此化合物再与吡唑啉酮缩合生成稳定的蓝色化合物，在一定浓度范围内，该化合物的颜色强度（色度）与氰化物的浓度呈线性关系，利用标准曲线法即可求得固体废物中氰化物的含量。

（二）生活垃圾的监测分析

要对不同场所的垃圾储存场所采集垃圾试样，这是进行生活垃圾监测分析的重要一步，还要科学控制采样量并进行粉碎、干燥和储存。首先要对垃圾的粒度进行分级；然后根据垃圾中形成的淀粉碘络合物的颜色变化对固体废物中的淀粉进行测定分析；还要对垃圾中的有机物质进行生物降解度的测定，区分出容易降解、难以生物降解的固体废物；固体废物进行焚烧处理后的热值测定也是一项重要的监测指标；从生活垃圾中渗出来的水溶液也是重要的固体废物污染源，也要对垃圾渗滤液进行分析和测定。

（三）医疗废物的监测分析

对医院中产生的固体废物的处理和监测，有极其严格的要求。对于不同的医疗废物要进行分类收集和贮存，还要装在专用的、防潮、结实的包装袋或包装容器中，便于区分废物。要对医疗废物的运输工具进行严格的消毒处理，在固定的场所进行焚烧或采取其他方法处理。

（四）固体的直接分析技术

在对固态环境样品进行分析时，很多情况下都是先对样品进行预处理，然后进一步分析测定。但也有些直接分析技术，可以对制备的风干样品或者生物样品的活体直接进行测定，如中子活化分析法、X 射线荧光光谱分析法、同位素示踪法、发射光谱法等。

第五章 现代环境监测技术的方法优化

随着社会经济的发展和科学技术的进步，社会各个阶层对于环境保护投入了更多的关注，环境监测技术也在不断地发展和优化。本章分为超痕量分析技术、遥感监测技术、环境快速监测技术、生态监测技术四个部分，主要包括常用的前处理方法、案例——离心微萃取法测定自来水中痕量的锡、水质监测中的遥感监测系统构建及其应用、大气成分的遥感监测技术、便携式水质多参数监测技术、大气快速监测技术、生态监测的基本任务、宏观生态监测和微观生态监测等内容。

第一节 超痕量分析技术

一、常用的前处理方法

（一）液 - 液萃取法

液 - 液萃取法的特点是利用相似相溶原理，选择一种极性接近于待测组分的溶剂，把待测组分从水溶液中萃取出来。常用的萃取溶剂有正己烷苯、乙醚、乙酸乙酯等，正己烷一般用于非极性物质的萃取，苯一般用于芳香族化合物的萃取，乙醚和乙酸乙酯对极性大的含氧化合物的萃取比较合适。二氯甲烷对非极性到极性的宽范围的化合物都有较高的萃取率，而且由于其沸点低，容易浓缩，密度大，分液操作方便，所以适用于多组分同时分析。液 - 液萃取法有许多局限性，如需要大量的有机溶剂、有时产生乳化现象影响分层以及溶剂易蒸发造成样品损失等。

（二）吹脱捕集法和静态顶空法

吹脱捕集法和静态顶空法都是气相萃取技术，它们的共同特点是用氮气、氦气或其他惰性气体将待测物质从样品中抽提出来。但吹脱捕集法与静态顶空法不同，它使气体连续通过样品，将其中的挥发组分萃取后在吸附剂或冷阱中捕集，是一种非平衡态的连续萃取，因此吹脱捕集法又称为动态顶空法。由于气体的连续吹扫，破坏了密闭容器中气、液两相的平衡，使挥发组分不断地从液相进入气相，也就是说在液相顶部的任何组分的分压都为零，从而使更多的挥发性组分不断逸出到气相中，所以它比静态顶空法的灵敏度更高，检出限能达到 $\mu g \cdot L^{-1}$ 水平。但是吹脱捕集法也不能将待测物质从样品中百分百抽提出来，其吹扫效率与吹扫温度、待测物质在样品中的溶解度和吹扫气的流速及流量等因素有关。吹扫温度高，样品容易被吹脱，但是温度升高使水蒸气量增加，影响吸附和后续测定，一般 50 ℃比较合适。溶解度高的组分，很难被吹脱，加入盐能提高吹扫效率。吹扫气的流速太快或总流量太大，待测组分不容易被吸附或吸附之后又被吹落，一般以 $40\ mL \cdot min^{-1}$ 的流速吹扫 10 ～ 15 min 为宜。

静态顶空法是将样品加入管形瓶等封闭体系中，在一定温度下放置达到气液平衡后，用气密性注射器抽取存在于上部顶空中的待测组分，注入气相色谱仪或气相色谱质谱仪中进行测定。该方法必须保持平衡条件恒定不变，才能保证样品测定的重复性，测定的灵敏度也没有吹脱捕集法高，但操作简便、成本低廉。

（三）压力液体萃取法和亚临界水萃取法

压力液体萃取法是目前发展最快、为环境分析研究人员普遍看好的两种从固体基体中提取有机污染物的方法。压力液体萃取法也被称为加速溶剂萃取法，它的主要特点是，在提高压力和增加温度的条件下，用萃取溶剂将固体中的目标化合物提取出来。它既能大大加快萃取过程又能明显减少溶剂的使用量。在高温高压的条件下，待测目标化合物的溶解度增加，样品基质对它的吸附作用或相互之间的作用力降低，加速使它从样品基质中解吸出来并快速进入溶剂。增加压力使溶剂在较高温度下保持液态。提高温度也降低了溶剂的黏度，有利于溶剂分子向样品基质中扩散。它的特点是萃取时间短、消耗溶剂少、提取回收率高。

亚临界水萃取法其实就是压力热水萃取法，是在亚临界压力和温度下（100～374 ℃，并加压使水保持液态），用水提取土壤、底泥和废弃物中的待测目标化合物。

（四）超临界流体萃取法

超临界流体萃取法是利用超临界流体的溶解能力和高扩散性能发展而来的萃取技术。任何一种物质随着温度和压力的变化都会有三种相态存在：气相、液相、固相。在一个特定的温度和压力条件下，气相、液相、固相会达到平衡，这个三相共存的状态点，就叫作三相点。而液、气两相达到平衡状态的点叫作临界点，在临界点时的温度和压力则分别叫作临界温度和临界压力。

二、超痕量分析测试技术

环境样品中被测组分通常是痕量或超痕量的，除了需要采用预处理技术进行富集和净化外，还需要高灵敏度的分析方法，这样才能满足环境样品中痕量或超痕量组分测定的要求。常用的具有高灵敏度的分析方法概述如下：

（一）光谱分析法

光谱分析法是基于光与物质相互作用时，测量由物质内部发生量子化的能级之间的跃迁而产生的发射或吸收光谱的波长和强度变化的分析方法。它包括原子发射光谱法和原子吸收光谱法等。

（二）极谱分析法

极谱分析法是以测定电解过程中所得电压 - 电流曲线为基础的电化学分析方法。极谱分析法包括经典极谱法、单扫描极谱法、脉冲极谱法等，其中经典极谱法的灵敏度较低。目前我国常用单扫描极谱法、脉冲极谱法来测定大气中的氮氧化物和水中的亚硝酸盐及铅镉、钒等金属离子含量。

三、案例——离心微萃取法测定自来水中痕量的锡

由于锡的浓度在水中的含量可以低到 $\mu g \cdot L^{-1}$ 的数量级，所以通常需要对样品进行预富集。近年来，人们为了富集和分离锡开发了许多新方法，如液 - 液萃取法、固相萃取法、电化学沉淀法、浊点萃取法等。这些方法都有其独特的优势，但这些方法比较烦琐，容易发生不可预知的分析物损失，并随之消耗相对较多的有机溶剂，可能会对人类健康造成极大的危害，处理废液也耗费昂贵。

离心机微萃取法（CME），因其具有样品处理量大、操作简单和完全消除交叉污染等优点，故而被我们所采用。阳极溶出伏安法（ASV）具有灵敏度高、选择性好的特点，在金属监测方面有着重要的应用。本案例也是以离子液体为萃取剂，利用CME-SW-ASV的方法来测定自来水样品中痕量金属锡的。在这一测定工作中，我们采用1-辛基-3-甲基咪唑六氟磷酸盐离子液体作为萃取溶剂，选择能与亚锡离子配合并且性质稳定的邻二苯酚作为络合剂，研究了影响离心微萃取反应和电化学测试的因素。

（一）主要仪器和试剂

1. 主要仪器

CHI-660D电化学工作站；直径3.0 mm玻碳电极（工作电极）；Ag-AgC1电极（固体参比电极）；Pt电极（对电极）；PHS-3CPH计；微型电解池；TGL-20B高速台式离心机（转速0～8000 rpm，时间0～60 min，220 V/50 Hz）；CP114电子天平；MS-H-S型磁力搅拌器；FB224自动内校电子分析天平；100 μL微量进样器；KQ-300DB型数控超声清洗器。

2. 主要试剂

所有的化学试剂均为分析纯试剂。用到的水都是通过Milli-Q实验室高端超纯水系统获得的去离子水。所有的实验都是在室温进行的（大约25 ℃）。用盐酸溶解适量的$SnCl_2$作为标准溶液。样品溶液被稀释用作标准样品，将标准样品和支持电解质一起装入50 mL的聚乙烯的离心管中。1-辛基-3-甲基咪唑六氟磷酸盐（99%）作为萃取剂，而且没有进行进一步的提纯。用适量的邻二苯酚溶解在一定体积的无水乙醇中，制得0.01 mol·L^{-1}的母液，放在4 ℃冰箱里一周后备用。金属离子溶液KC1，NaC1，$Pb(NO_3)_3$，$A1(NO_3)_3·6H_2O$，$CuSO_4·5H_2O$，$MgCl_2·6H_2O$，$ZnC1_2$，$Cr(NO_3)_3·9H_2O$，$CaC1_2$和$Cd(NO_3)_2$中的金属离子作为干扰离子使用。

（二）离心微萃取步骤

在具有圆锥底部的50 mL的聚丙烯瓶中，加入30mL不同浓度的盐酸缓冲溶液，然后加入一定浓度的邻二苯酚作为整合试剂。混合后，试剂在暗处反应20分钟，然后在各个瓶中加入130 μL的离子液体，即1-辛基-3-甲基咪唑六氟磷酸盐。离心机里每次最多离心 6 个样，转速为 4500 rpm，在一定的时间下，Sn（II）与邻二苯酚发生络合反应，形成疏水性络合物，然后萃取到离子液体中，萃取后，我们取瓶底部的离子液体 100μL 转移到微升电解池中进行 SW-ASV 测定。

（三）测量步骤

玻碳电极用 0.05μm Al_2O_3 抛光粉进行镜面抛光，在每个抛光步骤用去离子水进行彻底清洗，然后分别用 1 ： 1 的硝酸、无水乙醇和去离子水进行超声，每次超声时间为 5 分钟。超声完成后，玻碳电极表面用氮气吹干，准备接下来的实验。用 SW-ASV 的方法对 Sn（II）进行测定的步骤如下：100 μL 的萃取剂转移到组装好的微升电解池中，之后在一定的沉积时间和沉积电压下进行沉积，沉积之后有 10 s 的平衡时间，在 20 Hz 的频率下，扫描电压的范围为 -1.0 ～ 0 V。测量后的清洁步骤，在电压 0.8 V 下，设定时间 120 s 除去可能存在的残余金属，所有的 SWASV 实验测定过程中没有除氧。

（四）用 CME-SW-ASV 的方法测定自来水中的 Sn（II）

用 CME-SW-ASV 的方法来测定自来水中的 Sn（II），用标准加入法测自来水中的 Sn 的浓度。在自来水水样中按一定的比例加入蒸馏水进行稀释，取上述所配溶液 30 mL 加入 50 mL 的圆锥底的聚丙烯瓶中，加入 2μL 浓度为 0.01 $mol \cdot L^{-1}$ 邻二苯酚的螯合试剂，在每个试样瓶中都加入体积为 130μL 的离子液体 1- 辛基 -3- 甲基咪唑六氟磷酸盐，为了消除水样基体中的干扰因素，比如其他金属的干扰，所有的样品都用标准加入法进行分析，最后用 ICP-MS 自来水进行测定，将二者的结果进行比对。

（五）结果与讨论

1. 电化学中沉积电位和沉积时间的优化

在沉积时间为 120 s 时，考察了沉积电压 -1.0 ～ 0 V 对 1 $\mu g \cdot L^{-1}$ Sn（II）的还原电压的影响。在 -0.7 V 之前，还原电位不够使 Sn（II）还原，溶出峰信号随着沉积电位越负，电化学信号越强；沉积电位在 -1.0 V 以后，电流的响应信号基本不变。所以我们选择的最佳沉积电位为 -1.0 V。

在沉积电位为 -1.0 V 时，考察了沉积时间 30 ～ 180 s 对 1 $\mu g \cdot L^{-1}$ Sn（II）的还原电流的影响情况。在 120 s 前，信号逐渐增加；120 s 后，信号又有下降趋势，再进一步延长沉积时间将导致 Sn（II）还原峰变宽，因此我们选用的最佳沉积时间为 120 s。

2. 锡在玻碳电极上的沉积

本实验用 50μg·$L^{-1}Sn^{2+}$ 进行离心萃取，在沉积电位为 −1.0 V、沉积时间为 150 s 时，经扫描电子显微镜得出图：未经修饰的玻碳电极表面是平滑的；50 μg·$L^{-1}Sn^{2+}$ 萃合物的玻碳电极表面上有散落的颗粒，这应该是沉积的 Sn（II）；还能看到局部放大的图。优化影响萃取效率的几个因素，比如络合剂的浓度、样品的 pH 值、离心萃取时间。

3. 络合剂浓度的优化

邻二苯酚与亚锡离子形成有疏水作用的络合物，因而邻二苯酚的浓度对该方法的灵敏性有极大的影响。Sn（II）的电化学信号随着邻二苯酚的浓度增大而增强。当络合剂的浓度为 0.083 mmol·L^{-1} 时，开始有信号，随着络合剂的浓度增加，电化学信号也随之增加；到 0.33 mmol·L^{-1} 时，信号达到最大值；之后随着浓度增大，电化学信号反而降低。从而选择络合剂浓度为 0.33 mmol·L^{-1}。

4.pH 条件的优化

水溶液的 pH 对络合反应的影响很大，对金属络合物的形成和后续的萃取有重要的作用。所以 pH 条件的选择很重要。由于锡离子在水中易形成不溶性的碱式盐，所以选择盐酸作为电解质。溶液的 pH 对亚锡离子的信号强度的影响：pH 从 1.00 到 2.00 变化时，电化学信号随之增加；pH 从 2.00 到 4.00 变化时，电化学信号又逐渐降低。原因是氯化亚锡极溶于稀盐酸或浓盐酸，而且随着盐酸的溶度越大，其溶解度也越大。所以溶液的 pH 越高，导致亚锡离子的溶解度降低，最后信号下降。我们选择 pH 为 2.00 作为最佳的酸度。

5. 萃取时间的影响

Sn（II）与邻二苯酚在水样中形成疏水性的络合物，当使用离心微萃取的方式时，在界面处形成一个较高的 Sn（II）与邻二苯酚络合物区带，加快样品萃取的速度。萃取时间对离心微萃取的影响：随着时间从 4 min 增加到 10 min，亚锡离子的信号也随之增加；10 min 以后，亚锡离子的信号有小幅度下降的趋势。所以 10 min 为最佳的萃取时间。

6.CME-SW-ASV 的方法评价

在优化后的条件下，我们采用线性、检出限和重现性等参数来评价 CME-SW-ASV 方法，测得一系列 Sn（II）浓度从 0.2 μg·L^{-1} 到 2.0 μg·L^{-1} 的线性图，其中线性相关系数 R 为 0.994 9，8 次重复 Sn（II）浓度为 1 μg·L^{-1} 的实验得出相对标准偏差为 5.4%，用空白溶液的三倍的标准偏差得出检出限为 0.023 $\mu g \cdot L^{-1}$。由于在纯净水中锡的浓度高于 1 $\mu g \cdot L^{-1}$，我们用邻二苯酚在离子液体中的溶出伏安法作为空白对照。

由于样品中的锡含量超出最低检出限，用标准加入法测定自来水里中 Sn^{2+} 的浓度，在自来水水样中加入蒸馏水，按 1 ： 4 的比例，用标准加入法作图。则 1 ： 4 的水样中的 Sn^{2+} 浓度为 0.059 $\mu g \cdot L^{-1}$。根据信号，可得出一条线性曲线，并且相关系数为 0.993 0，最后计算出纯净水中所含 Sn^{2+} 的量为 0.29 $\mu g \cdot L^{-1}$。

用基于离子液体离心微萃取技术的方波 - 阳极溶出伏安法，测定水中超痕量的金属亚锡离子的含量。该方法优化了影响萃取效率的几个因素，如络合剂的浓度、样品的 pH 值、离心萃取时间，同时也优化了电化学过程中的沉积时间和沉积电位。测得一系列浓度从 0.2 $\mu g \cdot L^{-1}$ 到 2.0 $\mu g \cdot L^{-1}$ 的线性图，其中线性相关系数为 0.994 9，检出限为 0.023 $\mu g \cdot L^{-1}$。该方法具有很好的重现性和稳定性。

第二节　遥感监测技术

一、水质监测中的遥感监测系统构建及其应用

我国将环境保护作为一项基本国策，并要求研究人员研制出更具科学性的技术，对水污染的污染状况进行严密监测。研究人员在不懈努力之下，研发出了一种新型技术——遥感监测技术。此技术可以对水质进行有效的监测，本节分析了遥感监测技术监测水质的原理及水质参数所具有的光谱特征，以加强遥感技术在水质监测工作中的应用力度。

社会经济取得显著发展成果的同时也伴随着愈发严重的水域环境问题，传统的环境监测方式缺乏适用性，为满足高精度的环境监测要求，亟须创建全新的监测平台。环境遥感监测系统（REMS），根据水色遥感的基本特性创建生物光学模型，精准识别水体污染的关键指标，针对其富营养化等方面的表现作出客观评价，再给出水体质量的综合判断。本节结合我国某湖泊，将其作为试验区，以水环境监测数据为指导，验证模型的应用效果。环境遥感监测系统系统的构建具有可行性，可实现对水色污染的有效监测以及高精度的评估，相较

于传统的经验统计模型而言，全新的水体光学模型蕴含更丰富的参考价值，可良好反演水质参量，给水环境监测与治理工作提供重要的帮助。

（一）模型的组成与创建方法

环境遥感水质参量反演模型集大部分数据模型于一体，具体包含辐射定标、生物光学模型等。遥感图像的大气校正得以顺利完成的关键在于得到 6 s 辐射传输模型的支持。根据大气的实际条件，选择相对应的模型，如夏季模型或冬季模型，创建生物光学方程，以便准确确定水体吸收系数。

在湖泊生态环境中，CDOM 浓度等参数的持续性变化，将导致水中光场在不同的阶段都存在独特之处。在建立水质参数反演算法时，最为关键的参数在于水面下方的辐照度比。从影响因素来看，辐照度比主要取决于吸收系数和后向散射系数，虽然太阳高度角以及大气环境会对其造成影响，但幅度相对微弱，并非重点分析对象。辐照度比与吸收系数、后向散射系数之间具备特定的关系，需要以此为依据创建水质参数分析模型。后向散射系数的实际值则取决于两方面，即散射系数和体散射系数。

（二）环境遥感监测系统架构

1. 环境遥感监测系统架构

传统水环境监测系统的适用性逐步下降，存在精度低、不及时的问题，环境遥感监测系统则是基于先进技术而衍生出的全新产品，其包含地面监测、遥感和网络地理信息三部分。通过地面监测站，能够及时采集环境数据，具体执行的是对水体光谱以及水质参量等相关参数的测量工作。

遥感数据处理系统配置了水色参量反演模块。在环境监测系统的运行过程中，遥感数据为核心部分，是其他操作得以顺利执行的必要前提。网络地理信息系统的主要功能在于处理数据并对其进行有效管理。

2. 环境遥感监测系统功能模块

环境遥感监测系统功能模块的组成包含三层架构，即客户端、中间服务端和后台数据库。具体而言，客户端由胖客户端和瘦客户端两部分组成，胖客户端指的是遥感数据处理系统，而瘦客户端通常指的是正等类型的浏览器。遥感数据处理系统具有水质参量反演的功能，包含大气校正和生物光学模型两方面。

中间服务端涉及数据库服务、网络服务器两部分，前者的作用在于及时访问数据库，后者的作用在于实现对网络地理信息系统信息的全流程操作，如访问、管理。后台数据库涵盖了系统的各项数据，如地物光谱数据库、环境监测质量数据库等。

根据上述提到的环境遥感监测系统三层架构，可以做进一步的分析，将整体系统细分为五大子系统，具体内容如表 5-1 所示。

表 5-1　环境遥感监测系统的五大子系统

编号	功能模块	内容
1	数据输入输出子系统	满足多种格式数据的处理要求，可实现快速输入与输出；输入数据类型丰富，涉及遥感数据源数据、环境质量数据、光谱数据等；输出数据的形式多样化，如标准遥感图、报表、基于既有数据的水环境分析结果等
2	数据库子系统	示范系统体系中，数据库子系统具有重要作用，是不可或缺的数据基础，其提供的数据汇总与集成功能可以涵盖污染源数据、GCP 数据等多种类型
3	遥感数据处理子系统	遥感数据的接收、大气校正、图像镶嵌、分类解译、遥感数据标定等
4	环境指标监测子系统	在波谱数据库和足感模型的支持下，能够实现对环境污染因子的信息反演，通过此方式评价水域环境质量
5	信息网络管理与产品发布子系统	依托于地理信息系统平台，可创建专题图、多媒体以及数据库，以便给日常管理提供产品支持，具有较强的终端产品提供能力，此外借助互联网途径还能够快速发布产品或根据需求查询相应的信息

（三）系统应用试验

1. 数据与试验区

选取湖泊遥感试验场，于该处组织水环境遥感试验。该湖为浅水湖泊，是我国五大淡水湖之一，夏季水质为 CTY 型，冬季水质为 TY 型。试验场内共布设 22 个观测站点。主要功能在于观测水质并测量水面光谱，给后续的验证与分析工作提供支持。

以每周一次的频率定期采样，根据所得数据建立反演模型参量，并作为水质反演结构的验证支持。根据该湖泊的水域环境特点，围绕透明度、溶解氧、总氮、总磷等水质参量分别展开监测工作。

2. 试验结果分析

根据所得的湖泊测量光谱，对其采取离水辐射提取操作，目的在于确定离水辐射率，将所得结果用于检验反演模型。依托于反演结构，在其支持下分析试验区水环境的富营养化情况，具体如表 5-2 所示。

表 5-2　太湖富营养化分级结果

分级	意义	面积 /m²	占全湖的面积比 /%
指数 <30	极贫营养	900	0.000 0
30 ≤指数＜ 40	贫营养	49 500	0.002 1
40 ≤指数＜ 50	中营养	400 500	0.017 3
50 ≤指数＜ 60	弱富营养	1 437 858 000	62.130 3
60 ≤指数＜ 70	富营养	786 615 300	33.989 9
70 ≤指数＜ 80	极富营养	81 893 700	3.537 8
80 ≤指数	大面积水花	277 200	0.012 0
全湖面积：2 314 262 700 m²			

根据试验结果可知，在创建水质生物光学模型后，对其展开水质参量反演具有可操作性，但水环境监测工作中依然存在可改进之处，如相关算法需进一步升级。此外，还需加强地面配套试验，以便提高反演产品的精度，增强其在湖泊水环境监测中的通用性。若条件允许，还可创建涵盖湖泊区域的信息共享网络，通过此途径提高大气参量信息的沟通效率，给环境监测工作的实施提供帮助。环境遥感监测系统是基于传统监测系统而衍生出的全新形式，其功能更加丰富，可以为环境灾害监测工作提供帮助，决策部门能够获得更为准确的信息，从而做出科学的决策，尽可能缩短环境灾害监测的周期，全方位保护湖泊水域环境，创造更可观的社会经济效益。

二、大气成分的遥感监测技术

工业革命以来，人类向大气中排放的污染成分含量、种类逐年增加，由此引发的大气污染问题吸引了世界多国的关注，对其中关键成分进行准确监测十分必要。大气成分遥感监测技术是综合性探测技术，它能够对大气成分进行远距离的实时监测、快速分析多成分大气混合物、不需要烦琐的取样程序便可获得地面或高空大区域长时段的三维空间数据，特别是在大气成分的垂直结构探测方面具有独特的优势。遥感监测技术已用于监测多种大气成分，如气溶胶、臭氧（O_3）、二氧化氮（NO_2）、一氧化碳（CO），甲醛（HCHO）和二氧化硫（SO_2）等。遥感监测技术在大气成分监测领域发挥着不可替代的作用，其监测内容也由某一气体的单独测量逐渐扩展至多种成分同时测量且具有更多目的的监测，如环境空气质量监测和污染源排放监测等。由于监测平台距地面的高度存在差异，遥感监测平台可按平台所处位置划分为地面平台、航空平台和航天平台。

（一）大气成分的遥感监测方法

大气成分的遥感监测方法主要有差分吸收光谱法（DOAS）、傅里叶变换红外光谱法（FTIR）和激光雷达（LIDAR）探测法等。

1. 差分吸收光谱法

差分吸收光谱法是目前测量大气痕量气体常用的光谱方法之一，其原理是朗伯 - 比尔定律。这种方法主要通过将吸收光谱中分离得到的窄带谱结构进行分析，根据光强变化及对应气体的特征吸收截面确定气体浓度，可分为主动差分吸收光谱法和被动差分吸收光谱法两类，前者使用人造光源，后者依靠自然光源。差分吸收光谱法的目标成分主要为 O_3，NO_2，SO_2，HCHO 和四聚氧等。近年来主动差分吸收光谱法与腔体仪器结合，能够独立确定光子路径，在痕量气体和气溶胶的测量方面具有更高的灵敏度。在被动差分吸收光谱法方面，多轴差分吸收光谱法（MAX-DOAS）对于对流层 O_3 浓度的反演难题将通过添加温度依赖的 O_3 吸收截面得以基本解决；大气成分的三维空间分布探测得以实现，未来将有更加完善的发展；此外，新的吸收成分水汽在 363 nm 附近的吸收线和 O_3 在 328 nm 附近的吸收线的确定提高了差分吸收光谱法拟合的准确性。在硬件方面，法布里珀罗干涉仪的使用有效提高了差分吸收光谱法的成像速度；使用新的函数类型参数化仪器函数（如超高斯分布）等方法提升了该技术在软件方面的拟合精度。

2. 傅里叶变换红外光谱法

傅里叶变换红外光谱法是基于对干涉后的红外光进行傅里叶变换的原理而开发的红外光谱分析方法，具有高分辨率、高灵敏度、高信噪比、大通量和宽频带等优点。傅里叶变换红外光谱法广泛用于污染源气体排放、突发性大气污染事故的机动应急监测中，可分为主动式和被动式两类。主动式测量法类似于传统实验室中的傅里叶变换红外光谱法，可监测大气中的CO、NO和NH_3等污染成分。被动式遥感傅里叶变换红外光谱法不需要光源和后向反射器，结构简单，在大气成分的遥感监测领域中应用广泛，目标成分主要为CO_2、CO、CH_4和N_2O等。

由被动傅里叶变换红外光谱仪组成的总碳柱观测网（TCCON）在全球大气成分的遥感监测中发挥着重要作用，其观测数据被广泛用于校准和验证星载仪器的监测结果，并在环境空气质量监测和大气模拟研究的验证中发挥着作用。总碳柱观测网在亚洲地区站点稀疏，搭建于中国合肥的傅里叶变换红外光谱仪是我国唯一的总碳柱观测网候选站点。相关数据表明，该站点能够有效监测大气中CO_2和CO的每日变化和季节变化，能够识别北半球的CO_2周期，具有验证航天平台观测结果的能力。该站点作为目前中国唯一具有连续运行能力的观测站点，在校准和验证卫星、模型在中国地区的数据准确性方面发挥着重要作用。

3. 激光雷达探测法

激光雷达是一种以激光为光源的主动式现代光学遥感设备，具有监测范围广、灵敏度高，时空分辨率高等特点，被广泛应用于环境与大气监测等领域。激光雷达按照监测方法和种类可分为米散射激光雷达、大气成分差分吸收激光雷达和拉曼激光雷达等。米散射激光雷达主要应用于探测气溶胶和烟云等颗粒粒状污染物，已被广泛用于探测大气气溶胶、能见度、边界层的演变过程等；大气成分差分吸收激光雷达对气体浓度监测具有极高的灵敏度和抗干扰能力，目标成分为O_3、气态污染物和H_2O；拉曼激光雷达主要用于对大气中的水汽浓度、大气温度廓线、垂直大气消光廓线及CO_2、CH_4和SO_2等污染气体的探测。边界层对大气污染研究至关重要，激光雷达结合采样方法对大气PM累积性增长过程的观测表明，边界层气象因素对PM浓度增长的反馈效应控制着PM浓度的爆发性累积。此外，激光雷达探测法在测定决定低层大气中污染物扩散的边界层高度方面表现出的高时空分辨率优势日益凸显。

（二）大气成分的遥感监测平台

大气成分的遥感监测平台是根据各遥感监测方法搭载的平台距地面高度的差异进行划分的。大气成分的地面遥感监测平台距地面一般不超过50m，遥感监测的形式主要包括地基遥感监测、车载遥感监测和船载遥感监测三种。地面遥感监测平台主要用于对平流层或对流层整层痕量气体浓度的测量以及对直接排放的污染气团的测量（如火山）。其中，地基遥感监测将监测仪器放置于固定地面站点，能够获得长期可靠的总量结果，并能用以分析或对比验证卫星数据。随着智能手机和嵌入式传感器的发展和普及，公众利用智能手机对大气环境参数进行遥感探测的方式出现，无须额外专用仪器，硬件成本低、时空分辨率高、时空覆盖广，成为专业大气监测的有效补充，具有广阔的应用前景。将监测仪器放置在车辆上进行遥感监测的方式是地面遥感监测平台的另一种观测形式。它是一种简易、经济的遥感监测手段，不再局限于固定站点的小范围监测，并能够对污染气体的排放通量进行定量研究。除了常规车辆外，搭载于火车的遥感监测方式能够以较低的成本、较高的效率获得大面积的大气成分监测结果，在未来将有更多应用。船载遥感监测是利用船上的遥感仪器进行航测的方式，能够在遥远的海洋环境反演大气痕量成分背景值，并对比验证对于海洋上空气体的反演准确性不足的星载遥感监测结果。船载的应用对于反演海洋上空无污染的大气背景值具有明显优势，星载遥感监测受到海洋表面的低反照率、云层覆盖（热带地区尤其明显）以及仪器的检出限的影响，不能保证结果准确。

将地基遥感监测中涉及的仪器搭载于飞机、气球、飞艇或风筝上的遥感监测方式为机载遥感监测，机载平台的飞行高度为 30 ～ 100 m。机载遥感监测虽然在探测的灵敏度和精度上与地基遥感监测有一定差距，但它具有快速、机动、可远距离遥测等特点，适用于大尺度区域污染成分的遥感监测，并获得高于星载遥感监测仪器信噪比的高精度数据。机载激光雷达主要用于气溶胶、云和痕量气体的监测，其中对于气溶胶的光学特性、时空分布等信息反演的应用十分广泛。地面平台的激光雷达无法观测包含气溶胶重要信息的对流层底部，因此对地表的气溶胶消光垂直廓线的监测依赖于机载激光雷达系统。机载遥感的特点使其对于突发性大气污染事故的应急监测具有明显优势，机载傅里叶变换红外光谱仪常被用于对森林火灾气体排放的观测。以上研究搭载的飞机均为载人飞机，与之相比，无人机能够在低海拔的人口稠密地区、火山或恶劣天气情况下飞行，具有更低的运行成本和更高的操作灵活性。无人机遥感监测在大气成分的遥感监测中具有应用潜力。

利用卫星作为遥感监测平台搭载传感器进行遥感已成为大气成分监测的重要组成部分。航天遥感监测平台能够对大气成分进行远距离的实时监测，快速分析多种大气成分，不需要烦琐的取样程序便可获得地面或高空大区域、长时段的三维空间数据。目前在轨运行的大气环境监测设备主要包括臭氧监测仪、对流层监测仪、中分辨率成像光谱仪、第二代全球臭氧监测仪和轨道探测二号卫星等。

（三）大气成分遥感监测的应用

遥感技术已广泛应用到大气环境科学研究及污染防控工作中，根据不同监测目的，大气污染遥感监测可分为环境空气质量监测、污染源排放监测、大气污染管控措施效果评估、雾霾时空分布监测、污染机理研究监测和有害气体泄漏监测等。

1. 环境空气质量监测

环境空气质量监测是指利用遥感技术对大气成分进行的常规监测，根据其范围的不同划分为全球性监测和地区性监测，前者利用航天平台，后者主要用到地面平台。最早的空气质量遥感监测可追溯到 1924 年，多布森（Dobson）利用自己制作的第一台大气成分测量仪器进行了臭氧的常规分析；利用卫星的全球性研究则于 20 世纪 70 年代拉开序幕，人们在 1972 年 8 月 9 日利用卫星探测了大西洋上空的来自非洲西北部的沙尘粒子。

1990 年，埃德纳（Edner）等利用地基差分吸收光谱监测系统自动监测了中等城市瑞典隆德上空大气中的 NO_2、O_3 和 SO_2。2003 年春季莫里纳（Molina）等在墨西哥城大都会地区进行了空气质量现场测量，该研究利用移动、固定站点现场测量，采样与遥感并用的方式对北美地区污染最严重的城市的主要污染物排放、二次污染物前体物浓度、光化学氧化剂生成和二次气溶胶颗粒形成机制进行了探究，其中差分吸收光谱法、傅里叶变换红外光谱法和激光雷达探测法等地基遥感监测技术发挥了重要作用。这一研究为类似的发展中国家特大城市的空气质量改善方法提出了有效建议。

独立的地基站点在环境空气质量监测的过程中发挥着重要作用，组建遥感地基监测网是全面研究大气成分特性最为精确的手段。国际上欧美等国家组建的全球大气成分变化探测网、欧洲气溶胶研究激光雷达网和全球气溶胶探测网等在大气成分的遥感监测中持续、稳定地发挥着作用。我国已经开展了基于被动式多轴差分光谱法的边界层大气成分高光谱扫描与分析仪的地基遥感监测网的组建工作。中国科学技术大学利用边界层大气成分高光谱扫描与分析仪建立了我国的地基遥感监测网，现已覆盖了京津冀、长三角、珠三角区域和西部“一带一路”规划地区等大气成分特征具有区域代表性的地点。该网络依靠自动、快速、在线遥感监测模式稳定地进行着气溶胶、NO_2、HCHO、SO_2、气态亚硝酸（HONO）和乙二醛（CHOCHO）的浓度和垂直廓线的监测任务。

2. 污染源排放监测

（1）污染源烟气排放监测

烟气的排放既可来自自然源，如火山爆发和生物质燃烧等，也可来自人为源，如燃煤电厂和化工厂等。

火山活动是重要的自然烟气排放源，人类对于火山烟羽的研究已经持续了两个多世纪。对火山烟气排放的测量较为困难，火山上的原位采样可以提供详细的排放信息，但通常不易实现且十分危险，而安全性高的遥感监测方法十分适合火山烟气的探测。从 20 世纪 70 年代开始，科研工作者主要利用相关光谱仪对火山气体中 SO_2 的释放速率进行遥感监测，该仪器在火山危险评估中的重要作用一直持续了 30 年。2001 年，加勒（Galle）等首次将低成本、微型的紫外光纤光谱仪作为遥感测量的潜在替代品，用于对火山气体中 SO_2 的释放速率进行观测，并利用地基、车载和机载便携式差分吸收光谱仪分别对马萨亚火山和苏弗里埃尔火山进行了观测，两地 SO_2 的释放速率分别为 $4\ kg \cdot s^{-1}$ 和 $1\ kg \cdot s^{-1}$，这表明该仪器在全球火山地球化学监测方面具有巨大潜力。

傅里叶变换红外光谱技术的发展使火山活动中排放的 SO_2 以外的其他气体的测量成为可能。1997 年，用傅里叶变换红外光谱法对埃特纳火山烟羽成分进行监测，结果显示 SO_2 与 HCI 和 SO_2 与 HF 的摩尔比分别为 4 ： 1 和 10 ： 1，相应地 HCI 和 HF 的排放速率分别约为 $8.6\ kg \cdot s^{-1}$ 和 $2.2\ kg \cdot s^{-1}$。2015 年，科研工作者已经开发出针对 CO_2、CH_4 和气溶胶的移动差分吸收激光雷达系统，将该系统搭载于地面平台能够对燃煤电厂烟气进行移动监测。

烟气排放的卫星观测实例相对较少，对于自然源如火山来说，总臭氧映射光谱仪已被用于火山气体中 SO_2 排放的监测，但主要适用于较大的爆发性火山。2010 年，博文斯曼（Bovensmann）等首次提供了基于航天平台的高排放人为 CO_2 排放源监测的详细结果，以电厂为例展示了星载仪器可以测定强局部 CO_2 点源并将其排放量化。

（2）交通排放现场监测

交通排放通常是城市地区空气污染的主要来源，为了评估交通排放对空气质量的影响，利用遥感监测方法对交通排放现场进行监测的手段受到越来越多的重视。

公路上的光学遥感监测系统可以提供实际的车辆排放因子，它能够详细说明车辆的特性，如品牌、型号、年份以及驾驶条件（速度和加速度）等。在该监测系统中，光源探测器和反射镜布置在单个行车道的两侧。光源探测器将道路上的红外和紫外共线光束引导至减震反射器。当车辆通过红外光路和紫外光路时，由吸收引起的透射光强度的变化指示车辆排气中待测气体的浓度。

早在20世纪90年代，相关研究者已经开始利用遥感监测系统估算交通排放气体的排放因子。1999年，可调谐二极管激光吸收光谱远程传感器首次获得了N_2O和NO_2在路面上的测量数据，并进行了高精度的NO测量。近年来，在对美国洛杉矶、丹佛等地区的研究中，遥感监测技术已被提议作为一种直接监测方法来建立基于燃料的移动源排放清单。虽然遥感监测技术在世界上被广泛使用，尤其是在发达国家和地区，但在我国这类技术的应用还很少。为了增进这方面的认识，我国分别在2004年和2005年利用基于可调二极管激光技术和紫外差分吸收光谱技术的道路光学遥测方法在杭州获得了大量车辆的测量数据，对汽油车排放特性进行了全面评估，并建立了基于燃料的排放清单。

（3）区域排放通量监测

对于面源区域排放源的通量监测常采用地面平台的车载仪器展开。对于航天平台来说，卫星的像元覆盖面积大，空间分辨率达不到区域监测的要求；地基站点适合监测近地面小范围的污染分布，对于区域测量则需要多台仪器共同配合。车载遥感监测技术成为适合区域排放监测的重要手段。

地面平台的车载遥感监测技术常用来测量来自点源的污染，将其环绕范围扩展便可得到特定区域内的排放通量。约翰森（Johansson）等利用由车载便携仪差分吸收光谱仪量化来自面源的气体总排放量的新方法，测量了2005年4月和8月中国北京市的SO_2和NO_2排放通量，证明了车载遥感监测技术对于区域污染监测的实用性。2006年3月10日，他们利用这一新方法首次针对目标成分HCHO进行监测并获得了其在墨西哥城的流出通量。除了城市污染的监测，车载遥感监测技术还可以应用于工业区的排放通量测量，如2006年3月24日至4月17日，他们利用车载便携式差分吸收光谱仪对墨西哥图拉（Tula）工业园区的SO和NO排放通量进行观测。

3. 大气污染管控措施效果评估

我国在重大活动期间通常会实施一系列大气污染管控措施，以保障良好的空气质量，如在2008年7～9月筹备北京夏季奥运会和残奥会期间，北京及周边地区实施了一系列严格的排放控制措施，以控制机动车辆和工业排放，改善空气质量。在此期间，维特（Witte）等利用航天平台 OMI 测量了大气中 HCHO 和 NO_2 柱浓度，并与前 3 年的同期数据进行比较后发现：在大气污染管控期间，NO_2 浓度显著降低，随着管控措施的停止，NO_2 含量恢复到往年的水平；但 HCHO 的含量在管控前后变化不大。

在 2014 年亚洲太平洋经济合作组织（APEC）峰会期间和 2015 年中国纪念反法西斯战争胜利 70 周年阅兵式期间，在大气污染控制措施的影响下，北京地区出现了被称为“APEC 蓝”和“阅兵蓝”的蓝天。为定量评估以上两次管控措施的实施效果，张晗等利用地基 MAX-DOAS 和星载仪器 OMI 对 NO_2、HCHO 和 O_3 进行了监测，他们发现 NO_2 浓度在 APEC 峰会和大阅兵期间突然下降，但由于污染机理的差异，大阅兵期间 O_3 浓度随着前体物 NO_2 浓度的剧烈下降而减少，而 APEC 会议期间 O_3 浓度有了小幅度的增长。

2016 年杭州 20 国集团峰会期间，杭州、长三角特大城市及周边地区实施了严格的排放控制措施。毛敏娟等采用地面平台激光雷达监测了会议前、会议期间和会议后大气中的 O_3 和气溶胶消光系数，他们发现污染控制措施在缓解边界层中的颗粒污染方面发挥了作用，但并未对 O_3 污染产生直接影响。同时，他们利用相关遥感监测方法也对 2017 年金砖国家峰会期间大气污染展开了调研。

4. 雾霾时空分布监测

我国是世界上人口最多、发展最快的地区，气溶胶颗粒及其前体的过量排放导致高负荷的污染物，由此造成的雾霾已成为我国主要空气污染类型之一。雾霾时空分布的监测主要利用的设备是航天平台的卫星传感器或地面平台激光雷达。航天平台的雾霾监测能够覆盖较大的面积。

雾霾中的细颗粒物 PM2.5，凭借着较小的粒径，能够深入人体呼吸道、肺部，给人类健康带来威胁。对于 PM2.5 的测量主要依靠地面站点监测网络，它能够提供准确的测量结果，但空间覆盖和分辨率有限。遥感监测技术的发展给 PM2.5 的监测带来了便利，基于卫星得到的气溶胶光学厚度产品，利用模型模拟反演得到地面 PM2.5 浓度。

5. 污染机理研究监测

探究大气污染物的污染机理能够帮助人类在理解污染现象的基础上制定与实施更有效的控制策略和方法。在大气环境监测领域，对于对流层大气污染物

O_3 与其前体之间的关系的研究已经超过了 40 年。O_3 是 NO_2 和 VOCs 在大气中经过一系列光化学反应生成的二次污染物，NO_2 和 VOCs 与 O_3 的形成没有线性关系，它们对 O_3 形成的影响常用 VOCs 控制区或 NO_2 控制区来描述。

1995 年，西尔曼（Sillman）等发现可以使用 HCHO 浓度作为 VOCs 反应性的替代指标。他们利用 HCHO 和总活性氮（NO*y*）柱浓度之间的相关性来确定 O_3 生成的化学敏感性，当 HCHO 与 NO*x* 的比率高时为 NO*x* 控制区，而当比率低时为 HCHO 控制区。马丁（Martin）等将西尔曼的方法扩展到航天平台监测，全球臭氧监测仪（GOME）获得的 HCHO 和 NO_2 对流层柱浓度的比值表明这一结果与地表光化学的结论一致。卫星测得的对流层 HCHO 和 NO_2 柱浓度已被广泛用于分析 VOCs 和 NO_2 的地表排放。

2017 年，刘诚等利用地基仪器 MAX-DOAS 和臭氧雷达测得了中国上海地区夏季的 HCHO，NO_2 和 O_3 垂直廓线的时间序列，通过对结果的分析，排除了水平、垂直运输对 O_3 浓度增加的影响，该研究得出了上海地区地表 O_3 生成的前体物处于 VOCs 控制区的结论。

除了对 O_3 的短期研究，对于 O_3 长期变化的分析能够使我们了解 O_3 在更长时间序列上的分布特征、各种气象参数对 O_3 形成的影响以及 O_3 与其前体物的关系，从而实施更有效的污染控制策略。如邓肯（Duncan）等利用卫星数据分析了 2005—2007 年夏季美国 O_3 形成的化学限制类型与其前体物质浓度的关系，使人们对不同城市的污染机理特征有了进一步的认识。

为研究中国长三角地区 NO_2 污染的形成机理，刘诚等于 2015 年冬季沿长江上海至武汉区段进行了船载 MAX-DOAS 观测实验。实验通过计算环境 NO_2 和 SO_2 比值来确定不同排放源对长江沿岸 NO_2 水平的贡献，结果显示，江苏省的工业 NO_2 排放贡献较大，而江西省和湖北省的大气 NO_2 主要与车辆排放有关，安徽省的燃煤电厂和汽车尾气对 NO_2 水平的贡献大致相同。这一研究为上述省份污染控制策略的实施提供了建议。

6. 有害气体泄漏监测

有害气体的泄露会对人体的健康产生危害，对其进行泄露监测和浓度控制是一项艰巨的任务。利用遥感监测技术可使科研工作者不用到危险环境中就可得到气体的浓度信息。

可调谐二极管激光器吸收光谱技术的应用提高了气体泄漏监测的效率，多用于甲烷泄漏的监测中。2001 年，弗里施（Frish）等发明了一种基于可调谐二极管激光器吸收光谱技术的手持式光学工具，用于帮助石化炼油厂和化学加工厂人员在加工区域外围确定有毒或有害气体泄漏的来源。

第三节 环境快速监测技术

一、便携水质多参数监测技术

利用便携式检测仪器可以对水和废水污染物进行现场快速测试，应根据水环境中不同污染物的不同热学、电化学、光学等特点设计不同的仪器进行测定。这种仪器一般都配有手提箱（防尘、防水、耐腐蚀），由于是便携式所以质量比较轻，可以方便快速、准确地进行野外操作。

（一）手持电子比色计

手持电子比色计是一种结构简单的小巧灵便水环境快速监测仪，这种仪器不会受到外界环境的干扰，不会受光线、时间和温度的影响，白天和晚上都可以正常使用。在进行水环境中水质监测时，存储在比色计中的多种标准物质色列会对处于不同环境中的水质污染物进行识别和分析，利用 GEE 显色检测试剂或检测包对这些污染物、金属离子进行快速定量分析。

这种检测仪器适用于水和废水环境监测、污水排放监测、水质分析以及水质应急监测，即使是非环境监测专业人员，也可以进行自主、方便的操作，不会受到专业知识的限制。

（二）现场固相萃取仪

现场固相萃取仪采用锂电池供电技术取代了传统电池供电技术，延长了仪器的工作时间，仪器小巧轻便便于携带。这种便携式固相萃取仪不仅适用于实验室内使用，更适用于偏远山区、极地和远洋环境的水样品采集和测定，测定效率比常规萃取装置高出 400 倍左右，尤其是可以用在水质现场测试中，大大减少了水体样品长途运输和保存带来的困难。

这种现场固相萃取仪需要萃取的时间不长，非常适合于水样的现场快速采集和测试，同时为水环境样品的现场浓缩分离提供了新的方法和技术。改变萃取仪里面的吸附剂，可以测定不同的污染物，大大扩展了水质监测的适应性。

这种仪器的工作原理如图 5-1 所示。

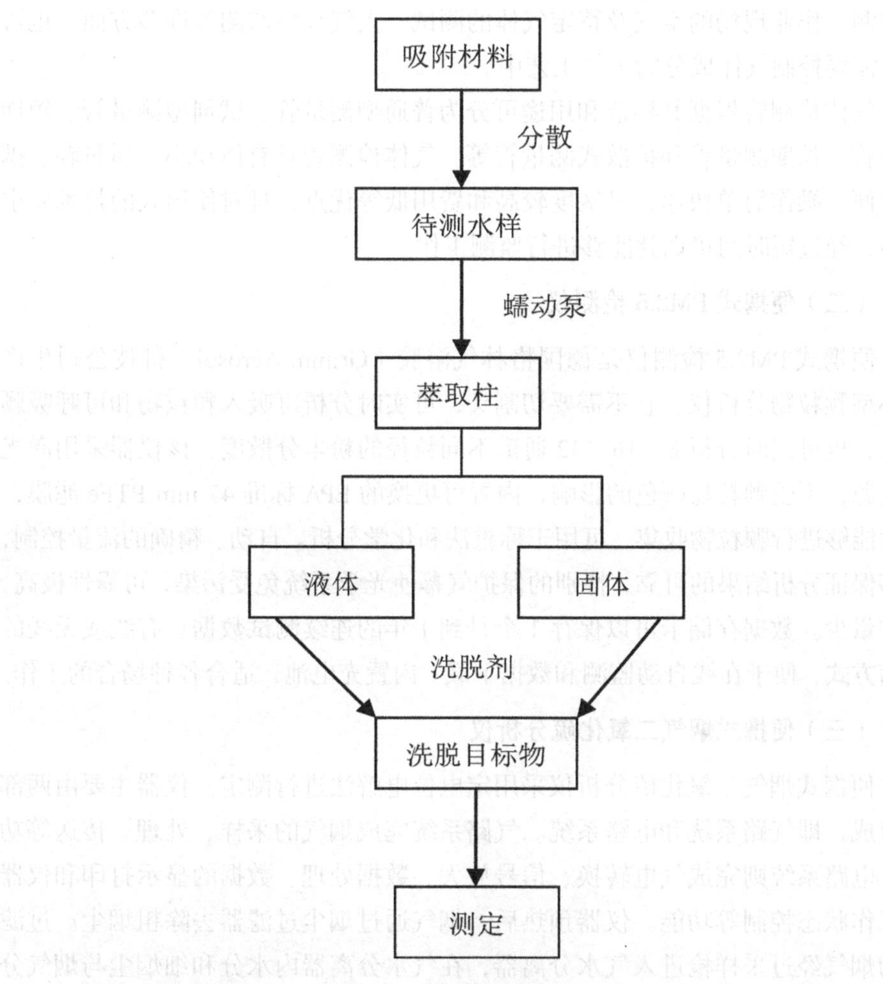

图 5-1 现场固相萃取流程

二、大气快速监测技术

（一）气体检测管

气体检测管是一种简便、快速、直读式的气体定量检测仪，可在已知有害气体或蒸气种类的条件下进行现场快速测试。

其测试原理为：先用特定的试剂浸渍少量多孔性材料（如硅胶、凝胶、沸石和浮石等），然后将浸渍过试剂的多孔性材料放入玻璃管内，使空气通过玻璃管。如果空气中含有被测成分，则浸渍材料的颜色就有变化，根据其色柱长度，计算出污染物的浓度。气体检测管既可用于室内空气监测、公共场所的空气质量监测、作业现场的空气及特定气体的测试、大气环境监测等许多方面，也可用于需要控制气体成分的生产工艺中。

气体检测管根据其构造和用途可分为普通型测量管、试剂型测量管、短期测量管、长期测量管和扩散式测量管等。气体检测管具有体积小、质量轻、携带方便、操作简单快速、灵敏度较高和费用低等优点，且对使用人的技术要求不高，经过短时间培训就能够进行监测工作。

（二）便携式 PM2.5 检测仪

便携式 PM2.5 检测仪是德国格林气溶胶（Grimm Aerosol）科技公司生产的小型颗粒物分析仪，它不需要切割头，可实时分析可吸入颗粒物和可呼吸颗粒物，也可同时分析 8、16、32 通道不同粒径的粉尘分散度。该仪器采用激光为光源，不受颗粒物颜色的影响，内置可更换的 EPA 标准 47 mm PTFe 滤膜，同时能够进行颗粒物收集，可用于称重法和化学分析。自动、精确的流量控制，能够保证分析结果的可靠，特别的保护气幕使光学系统免受污染，可靠性极高，维护量少。数据存储卡可以保存 1 个月到 1 年的连续测试数据。有线或无线的通信方式，便于在线自动监测和数据下载。内置充电池，适合各种场合的工作。

（三）便携式烟气二氧化硫分析仪

便携式烟气二氧化硫分析仪采用定电位电解法进行测定。仪器主要由两部分组成，即气路系统和电路系统。气路系统完成烟气的采样、处理、传送等功能；电路系统则完成气电转换、信号放大、数据处理、数据的显示打印和仪器的工作状态控制等功能。仪器预热后，烟气通过烟尘过滤器去除粗烟尘。过滤后的烟气经过采样枪进入气水分离器，在气水分离器内水分和细烟尘与烟气分离，从而使基本洁净的干烟气经过薄膜泵进入传感器气室，在气室内扩散后，采集的烟气再从气室出口排出仪器。在气室里扩散的烟气与传感器发生氧化还原反应，使传感器输出微安级的电流信号。该信号进入前置放大器后，经过电流 / 电压的变换和信号放大，模拟量信号经数模转换器转换成计算机可识别的数字信号，经数据处理后可将测试结果显示出来。

（四）便携式甲醛检测仪

便携式甲醛检测仪是一种化学气体检测仪器，在控制扩散的条件下运行。样气的气体分子被吸收到电化学敏感电极，经过扩散介质后，在适当的敏感电极电位下气体分子发生电化学反应，这一反应产生一个与气体浓度成正比的电流，这一电流转换为电压值并传送给仪表读数或记录仪记录。传感器有一个密封的储气室，这不仅使传感器寿命更长，而且消除了参比电极污染的可能性，同时可用于厌氧环境的监测。传感器电解质是不活动的类似于闪光灯和镍镉电池中的电解质，所以不需要考虑电池损坏或酸对仪器的损坏。

（五）手持式多气体检测仪

这种仪器可用于检测现场环境空气中的各种气体，通过更换即插即用型传感器模块可以测定氯气、过氧化氢、甲醛、CO、NO、NO_2、H_2S、HF、HCN、SO_2、AsH_3 等 30 余种不同气体。传感器不需校准，精度一般为测量值的 5%，灵敏度为量程的 1%，可根据监测需要切换、设定量程。通过 RS-232 输出接口、专用接口电缆和专用软件，仪器可上传和下载数据。传感器内置数据存储器，数据存储器可用于存储气体浓度值，存储量达 12 000 个数据点。传感器采用碱性、D 型电池，质量为 1.4kg。

第四节 生态监测技术

一、生态监测的基本任务

生态监测就是运用可比的方法，在时间或空间上对特定地域范围内生态系统或生态系统聚合体的类型、数量、结构和功能等方面中一个或几个要素进行定期的、系统的测定和观察的过程。生态监测的基本任务如下。

①对区域范围内珍贵的生态类型包括珍稀物种以及因人类活动所引起的重要生态问题的发生面积及数量在时间以及空间上的动态变化进行监测。

②对人类的资源开发活动引起的生态系统的组成、结构和功能变化进行监测。

③对环境污染物在生物链中的传递情况进行监测。

④对被破坏的生态系统在人类治理过程中的生态平衡恢复过程进行监测。

⑤通过监测数据的积累，研究上述各种生态问题的变化规律及发展趋势，建立数学模型，为预测预报和影响评价打下基础。

⑥为政府部门制定有关环境法规、进行有关决策提供科学依据。

⑦寻求符合我国国情的资源开发治理模式及途径，以改善我国生态环境，使我国国民经济能够持续协调地发展下去。

⑧支持国际上一些重要的生态研究及监测计划，如全球环境监测系统（GEMS）、人与生物圈计划（MAB）、国际地圈 - 生物圈计划（IGBP）等，加入国际生态监测网络。

二、宏观生态监测

随着我国空间技术的发展和应用，生态监测在宏观领域有了较大的进步，如“六五”期间内蒙古草场资源遥感调查，“七五”“八五”期间“三北”防护林遥感调查、黄土高原的遥感调查研究等均包括生态监测的内容。另外，“十五”“十一五”期间，我国在利用遥感技术监测牧场的产量、农作物产量和灾害等方面的研究也都取得了丰硕的成果。2010—2020 年，中科院与环境保护部门共同实施了全国生态调查 10 年规划，为生态监测工作的开展提供了技术支持。

宏观生态监测的对象是区域范围内各类生态系统的组合方式、镶嵌特征、动态变化和空间分布格局等及其在人类活动影响下的变化。宏观生态监测以原有的自然本底图件和专业图件为基础，主要依赖于遥感技术和地理信息系统。监测所得的几何信息多以图件的方式输出。

主要内容是监测区域范围内具有特殊意义的生态系统的分布及面积的动态变化，例如热带雨林生态系统、荒漠生态系统、湿地生态系统等，这类生态系统十分脆弱，极易受到人类活动的影响而发生变化。因此，宏观生态监测的地域等级至少应在区域生态范围之内，最大可扩展到全球一级。宏观生态监测最有效的方法是应用遥感技术、建立地理信息系统。当然区域生态调查与生态统计也是宏观生态监测的一种手段。

三、微观生态监测

微观生态监测是指对一个或几个生态系统内各生态因子用物理、化学和生物手段进行的监测。微观生态监测的对象是某一特定生态系统或生态系统聚合体的结构和功能特征及其在人类活动影响下的变化。微观生态监测以物理、化学或生物学的方法对生态系统各个组分提取属性信息。因此，微观生态监测要以大量的生态监测站为工作基础，每个监测站的地域等级最大可包括由几个生态系统组成的景观生态区，最小也应代表单一的生态类型。生态监测站的建立与选择一定要有代表性，可按生态监测计划的大小，将不同的监测站分布于整个区域甚至全球系统。根据监测的具体内容，可将微观生态监测分为干扰性生态监测、污染性生态监测和治理性生态监测。

（一）干扰性生态监测

干扰性生态监测是指对人类特定生产活动所造成的生态干扰情况进行的监测。这里所说的生态干扰情况，具体包括砍伐森林所造成的森林生态系统的结构和功能、水文过程和物质迁移规律的改变，草场过度畜牧引起的草场退化、生产力降低，湿地的开发引起的生态类型的改变及生活污染的排放对水生生态系统的影响等。显然，这类监测的内容是十分广泛的。

（二）污染性生态监测

污染性生态监测主要是指对农药及一些重金属污染物等在生态系统食物链中的传递及富集进行的监测。在波兰生态监测计划中，对生物体污染程度的监测就属于这一范畴。

（三）治理性生态监测

治理性生态监测则是指对被破坏的生态系统在人类治理过程中的生态平衡恢复过程进行的监测，如对侵蚀劣地的治理与植物重建过程的监测、对沙漠化土地治理过程的监测等。

上述三类生态监测均应以背景生态系统监测资料作为类比，以揭示在人类活动的影响下，生态系统内部各个过程所发生的变化及其程度。

一个完整的生态监测计划只有把各个空间尺度的监测结合起来，才能全面而又清楚地揭示生态系统在人类活动影响下的综合变化。宏观监测必须以微观监测为基础，微观监测也必须以宏观监测为主导，二者只能相互补充，不能相互代替。

宏观监测和微观监测既相互独立，又相互补充，一个完整的生态监测计划必须包括宏观监测和微观监测两种尺度。由多个微观监测点再配以宏观监测便可形成生态监测网。

参考文献

［1］李国刚．环境空气和废气污染物分析测试方法［M］．北京：化学工业出版社，2013．

［2］马占青，江平．水及废水监测［M］．杭州：浙江大学出版社，2015．

［3］江志华，叶海仁．环境监测设计与优化方法［M］．北京：海洋出版社，2016．

［4］唐晓青，周旌．环境质量监测点位布设技术指南［M］．石家庄：河北科学技术出版社，2016．

［5］戴红玲．水和废水监测分析与水处理实验技术［M］．成都：电子科技大学出版社，2016．

［6］付强，滕曼，罗财红，等．环境空气超痕量持久性有机污染物监测技术［M］．北京：化学工业出版社，2017．

［7］王安，曹植菁，杨怀金．环境监测实验指导［M］．成都：四川大学出版社，2016．

［8］王晓，陈金泉，高勇．环境监测实用教程［M］．徐州：中国矿业大学出版社，2016．

［9］周遗品．环境监测实践教程［M］．武汉：华中科技大学出版社，2017．

［10］刘雪梅，罗晓．环境监测［M］．成都：电子科技大学出版社，2017．

［11］胡磊．水污染控制实验教程［M］．南京：河海大学出版社，2019．

［12］黄业茹，董亮．新增列持久性有机污染物环境监测技术研究［M］．北京：中国环境出版社，2018．

［13］张存兰，商书波．环境监测实验［M］．成都：西南交通大学出版社，2018．

［14］中国环境监测总站．土壤环境监测技术要点分析：第二辑［M］．北京：中国环境出版社，2018．

［15］杨波．水环境水资源保护及水污染治理技术研究［M］．北京：中国大地出版社，2019．

［16］陈井影．环境监测实验［M］．北京：冶金工业出版社，2018．

［17］李理，梁红．环境监测［M］．2版．武汉：武汉理工大学出版社，2018．

［18］骆欣．微滤膜组合技术处理废水的研究［M］．徐州：中国矿业大学出版社，2019．

［19］生态环境部，《土壤环境监测分析方法》编委会．土壤环境监测分析方法［M］．北京：中国环境出版社，2019．

［20］刘音．环境监测实验教程［M］．北京：煤炭工业出版社，2019．

［21］姚运佳．环境监测与环境监测技术的发展［J］．魅力中国，2020（18）：1-2．

［22］杨思伟，张仲敏．环境监测与环境监测技术的发展分析［J］．资源节约与环保，2020（4）：51．

［23］张维荣．水及废水监测中有机污染物的测定［J］．环境与发展，2020，32（8）：189．

［24］李会杰，单文丽．土壤监测质量保证与质量控制［J］．环境与发展，2020，32（2）：154．